NOUVEAU TRAITÉ

DE L'ÉPICERIE

ET DES BRANCHES ACCESSOIRES

PAR

Pierre-Lucien-Prosper LEHOC.

PARIS,

CHEZ L'AUTEUR,

RUE D'ANGOULÊME, AU COIN DE LA RUE DES ÉCURIES DU ROI,

FAUBOURG SAINT-HONORÉ.

JUILLET, 1838.

Afin de laisser toute latitude et liberté à la
critique littéraire, mes premiers Ouvrages an-
noncés dans la *Bibliographie de la France*, Journal de l'imprimerie et de la librairie des années
1825 à 1832, ont été publiés seulement sous
mes prénoms, P. L. Prosper, mais, à partir
de 1834, ils portent mon nom et ma signature.

Paris ce

Imprimé chez Paul Renouard, rue Garancière n. 5.

e Cire jaune, selon
gies orangés, répan-
: fois qu'on les aura
n s'évitera la peine
lorer, où elle reçoit
m de *Bougie orange,*
chose, la simplicité
iz-en !
a pas besoin d'être

consommate
utile, date d
gratis le supp
de l'Épicerie
isolément le

Pour satisfa
mière, qui ne
soit un équival
faite sous tou

roulée. Il
Vous save
mèches a
au *soleil* da
un blanc
Quand l
rigoureusen
trouble et
Pour ins
par un sec
Pour un
Bougies a
se bien far
présidés à
sur la Cir
bouillir le
sultat sati
bien mélang
parfaite.

On peu
gnement.
Je pens
l'industrie

CHAPITRE SUPPLÉMENTAIRE.

Au traité sur la Chandelle, troisième édition, ainsi qu'au Manuel du fabricant de Cire, je viens ajouter un chapitre supplémentaire, dans lequel je développe, sans aucune réserve et en toute sincérité, la manière fort simple de fabriquer la Bougie astrale de mon invention, soit dans les moules ordinaires, soit à la baguette. La *Bougie astrale* lance une lumière blanche aussi pure, aussi brillante que celle de l'astre du jour. Sa présence éclipse entièrement toutes les autres bougies. Elle revient au fabricant à 1 fr. 60 c. le demi-kilo. Il peut la livrer au commerce à 1 fr. 75 c. et l'épicier la vendre 2 fr. Je cède avec plaisir et de bon cœur, à mes honorables lecteurs leur part en commun entre nous, dans ma Propriété *scientifique industrielle et littéraire sur la Bougie astrale* dont le consommateur sera parfaitement satisfait. Cette invention utile, date de la présente année 1837. Je donnerai également gratis le supplément concernant la Bougie astrale avec le Génie de l'Épicerie. Si, cependant, on voulait avoir ce supplément *isolément* le prix est de 3 fr. franc de port par la poste.

BOUGIE ASTRALE.

Pour satisfaire à ce désir bien naturel d'avoir une belle lumière, qui ne fatigue jamais les yeux; et qui pendant la nuit, soit un équivalant à *l'Astre du jour,* j'ai inventé cette Bougie parfaite sous tous les rapports.

2

Voici ce qui doit entrer dans sa *composition* :

Cire Blanche neuve et pure environ le quart en poids; .
Suif de mouton la moitié ;
Blanc de Baleine le quart environ.

La Mèche sera composé avec :

Coton blanchi, longue soie, environ les trois quarts en poids.
Fil blanc de Cologne (à 5 ou 6 f. le demi kilo.) le quart en poids.

Opération. La Graisse de Mouton tranchée en rondelles minces, avant la fonte en branche, aura été *dérougie* et dégorgée pendant 3 jours dans l'eau renouvellée chaque jour. Le Suif de cette graisse étant obtenu par la fonte, on l'épurera *séparément* dans une lessive d'eau et de crême de tartre *soluble* de la manière qu'il est dit dans mon traité de 1826 et 1836, qui vous est indispensable.

Ensuite, on pèsera les doses nécessaires de chacune de ces trois substances, selon la quantité de Bougies à fabriquer ; et on les épurera de nouveau *ensemble* une seconde et dernière fois, avec l'Eau, la Crême de tartre et l'Acide boracique, afin d'avoir une limpidité et une transparence parfaite.

Le liquide sera versé *tout bouillant* dans une Caque pour y déposer l'Eau et la Boulée. Quand il sera suffisamment reposé et la chaleur assez diminuée, on le soutirera dans des Baquets de bois blanc propres et couverts.

C'est avec cette *Composition astrale* qu'on emplira les Moules qui auront été préalablement enfilés ; ou bien qu'on *imprimera* des mèches pour la fabrication à la Baguette, comme il est dit dans mon traité de 1836.

Je dois faire observer que, cette *Composition astrale et chimique* ayant beaucoup d'affinité, est aussi beaucoup plus *cassante* que le suif ordinaire, et que, par conséquent il ne faut entreprendre que pour 24 à 30 baguettes par volte à la fois, au lieu d'un cent que j'ai indiqué en traitant des Chandelles ordinaires.

Avant de couler le liquide dans les moules, il faut souffler *son haleine*, une fois seulement dans chacun de ces moules l'un après l'autre pour les *humecter* : tel on fait sur un Cachet de cuivre avant d'impressionner sur la cire chaude, cette insufflation est toujours nécessaire pour que la bougie se détache plus facilement du moule. Je conseille même, de couler le moins chaud possible. Il n'importune pas qu'on voie sur la surface des bougies *de petits yeux de perdrix* : c'est au contraire, un agrément de plus, et, une preuve en faveur de la prudence du fabricant qui sait ménager la pureté et la blancheur de ses productions.

Il faut emplir le culot complètement, et même le réemplir de nouveau quand on remarque du vide ou tassement.

Si la Mèche étant de fil et de coton filés fins, ne bouchait pas assez bien le trou du moule, on y fourrerait une petite *chevillette en bois*, après avoir suffisamment tendu la mèche pour une position centrale et fixe.

Je fais faire, à présent, pour mes commettans, des moules en étain fin, qui, au lieu de culot mobile ont un godet fixe et beaucoup plus grand à cause du tassement naturel à la cire et au blanc de baleine. Ces moules ont en outre au trou du bas une *virolle en cuivre jaune* soudée au moule, ils sont un quart plus chers que les moules ordinaires d'étain commun.

A la baguette, aussi bien qu'au moule, on fait des Bougies astrales de toutes les grosseurs et longueurs selon les besoins des consommateurs, et les usages de la ville qu'on habite.

Cette *Bougie astrale* servira admirablement bien pour remplacer les Cierges dans l'Église en les plaçant sur des Chandeliers en verre blanc ou en cristal qu'on fait aujourd'hui avec infiniment de délicatesse et de goût. Ces nouveaux Chandeliers de *Verre blanc* conviendrait infiniment mieux pour les enfans qui font leur première communion. C'est une proposition que Messieurs les Curés auraient pour agréable, même pour l'autel.

La sainte religion aussi, suit les progrès des lumières; ou plutôt ce sont les lumières qui forment l'essence de la religion.

On peut aussi, après avoir eu épuré de belle Cire jaune, selon ma méthode, la couler en bougies. Ces *Bougies oranges*, répandront une lumière tellement brillante, qu'une fois qu'on les aura essayées on n'en voudra plus d'autre. Alors, on s'évitera la peine inutile d'étaler la cire au soleil pour la décolorer, où elle reçoit les injures et le duvet de la poussière. Le nom de *Bougie orange*, est celui que lui a donné la Nature : en toute chose, la simplicité approche davantage de la perfection. Essayez-en !

La Bougie astrale, après qu'elle est faite, n'a pas besoin d'être roulée. Il est mieux de la laisser dans son état vierge et natif. Vous savez d'ailleurs que pour celle à la baguette on roule les mèches après qu'elles sont imprimées; mais il faut les exposer au *soleil* dans la montre ou armoire en vitrage, pour y prendre un blanc parfait.

Quand le mélange des doses est fait, *l'épuration finale est toujours rigoureusement nécessaire*, car : tout mélange apporte toujours du trouble et fait perdre la transparence.

Pour insuffler son haleine dans les moules il faut se faire aider par un second.

Pour un travail aussi important que celui de la fabrication des Bougies astrales et des Bougies oranges, il est indispensable de se bien familiariser avec les principes et les maximes qui ont présidés à la rédaction de **mes** deux traités sur la Chandelle et sur la Cire. Quelques personnes pour n'avoir pas laissé assez bouillir le suif, la cire, le blanc de baleine, n'ont pas eu de résultat satisfaisant. *Il faut toujours de 15 à 30 minutes d'ébullition, bien mélanger continuellement avec l'eau pour obtenir une épuration parfaite.*

On peut m'écrire si on a besoin de quelque autre renseignement. Je me ferai toujours un devoir de répondre.

Je pense que ce supplément complète parfaitement bien toute l'industrie de MM. les Fabricans de Cires et de Chandelles.

Prosper Leroc,
25, *rue d'Angoulême Saint-Honoré*, a paris.

st mieux de la laisser dans son état vierge et natif.
: d'ailleurs que pour celle à la baguette on roule les
rès qu'elles sont imprimées; mais il faut les exposer
ns la montre ou armoire en vitrage, pour y prendre
arfait.
e mélange des doses est fait, *l'épuration finale est toujours
ent nécessaire*, car : tout mélange apporte toujours du
fait perdre la transparence.
uffler son haleine dans les moules il faut se faire aider
ond.

travail aussi important que celui de la fabrication des
trales et des Bougies oranges, il est indispensable de
niliariser avec les principes et les maximes qui ont
la rédaction de mes deux traités sur la Chandelle et
e. Quelques personnes pour n'avoir pas laissé assez
suif, la cire, le blanc de baleine, n'ont pas eu de ré-
sfaisant. *Il faut toujours de 15 à 30 minutes d'ébullition,
er continuellement avec l'eau pour obtenir une épuration*

: m'écrire si on a besoin de quelque autre rensei-
Je me ferai toujours un devoir de répondre.
: que ce supplément complète parfaitement bien toute
de MM. les Fabricans de Cires et de Chandelles.

Prosper LEHOC,
25, *rue d'Angoulême Saint-Honoré*, A PARIS.

Lettre de Prosper Lehoc, à Monsieur MARTIN (du Nord), membre de la Chambre des Députés, ministre et secrétaire d'état au département du commerce, de l'agriculture et des travaux publics.

MONSIEUR LE MINISTRE,

Je supplie Votre EXCELLENCE de me permettre de placer son NOM sur le titre d'un petit ouvrage qui, depuis douze ans, est destiné à régénérer le Commerce d'épicerie et à entretenir l'esprit national et de probité dans l'empire français.

De l'excès de la liberté à la licence, la distance est bientôt franchie !!! C'est pourquoi j'ai écrit ce traité en forme de CODE et de manière à signaler au gouvernement quels sont les articles sur lesquels il est plus essentiel de diriger la surveillance et les encouragemens sous les rapports de la SANTÉ PUBLIQUE et de la JUSTICE RÉCIPROQUE.

Le commerce, sur tous les points du globe, apprécie avec reconnaissance les heureux avantages qu'il retire du gouvernement ferme, moral et pacifique d'un Roi, dans la famille duquel les vertus monarchiques ont toujours été héréditaires.

Nous voyons tous avec confiance que Sa
Majesté est très parfaitement secondée par les
lumières et par l'activité de Messieurs les Mi-
nistres , que nous a donnés la réorganisation
politique de la monarchie en 1830.

Il ne peut résulter de cet admirable concours
que la plus parfaite harmonie et la plus grande
prospérité de l'agriculture, des manufactures
et du commerce.

J'ai l'honneur d'être avec le plus profond respect , de Votre Excellence ,

Monsieur le Ministre,

Le très humble et très obéissant serviteur ,

Prosper Lehoc.

Paris , ce 1er juillet 1838.

TABLE.

FIN DE LA TABLE DES MATIÈRES.

NOUVEAU
TRAITÉ DE L'ÉPICERIE.

CONSIDÉRATIONS GÉNÉRALES.

Le commerce des épiceries et de denrées coloniales donne aux personnes qui s'en occupent de la considération et une influence sociale assez remarquables, surtout dans ce xix siècle dont la politique excentrique et philosophique a déplacé beaucoup de personnages, de choses et de propriétés.

Autrefois, la noblesse était la récompense presque exclusive de ceux qui se battaient bravement contre les ennemis du prince. Maintenant qu'on ne se bat plus, l'influence et même la noblesse sont devenues l'apanage constitutionnel de l'intelligence et de l'industrie, parce que ce sont elles qui, en effet, sont les sources intarissables et légitimes de la prospérité des empires : l'Angleterre et les États-Unis d'Amérique nous en offrent de beaux exemples.

Pour que l'épicier, négociant ou détaillant, jouisse de la considération publique et de l'influence politique, il faut au moins qu'on remarque en lui des degrés d'éducation et d'instruction qui l'élèvent à la hauteur de la noble et utile profession à laquelle il se destine, lui et ses capitaux.

Si, au contraire, on venait à apercevoir une crapuleuse ignorance des principes de sa profession, une ambition anarchique et envahissante, une sordide avarice : cet homme alors ne serait plus qu'une *stupidité mercantile* peu ou point estimable.

L'épicerie avec ses branches accessoires est un commerce qui n'a point de bornes; il embrasse tant d'articles, dont la consommation est si rapide, qu'il faut nécessairement, pour se livrer à ce négoce, de l'esprit, beaucoup de jugement, beaucoup de santé, d'activité et de fortune.

La Femme, dans le commerce d'épicerie, est très parfaitement à sa place : son esprit fin et délié, la promptitude et la justesse de ses remarques, la douceur de son caractère; tout en elle, semble fait pour présider à la tête d'un commerce où sont réunis les plus remarquables productions *alimentaires* des deux continens. C'est pourquoi, dès la première édition de cet ouvrage, j'ai dit que l'épicier devait être marié; qu'il ne pourrait jamais avoir d'associé plus efficacement utile que son épouse.

« Que l'homme donc ne sépare point ce que Dieu a uni. »

Cette citation, tirée de l'évangile, mérite de la part des deux époux l'application la plus abondante et la plus constante.

Mais, afin que l'un et l'autre puissent facilement atteindre à la hauteur d'intelligence où l'opinion publique doit les juger dignes de confiance et d'estime, ilfaut leur offrir un livre essentiellement classique, essentiellement élémentaire, dans lequel ils puissent trouver sans peine, les véritables principes qui doivent les guider dans le *choix*, la *conservation* et la *préparation des marchandises*; afin que, dans leurs

mains, un *aliment* ne devienne pas un *poison*, comme
cela est arrivé trop souvent dans la vente du sel de
cuisine, du vinaigre, du poivre, des liqueurs, des sirops, eaux-de-vie, chocolats et autres denrées dégra-
dées par ignorance ou falsifiées par supercherie !

Pour écrire convenablement un tel livre , il fallait
que l'auteur fût lui-même éclairé, non-seulement par
la pratique d'un commerce rapide en gros et demi-
gros, mais encore par une instruction vaste et pro-
fonde des principes de la chimie, de la physique,
de l'histoire naturelle et de l'hygiène. Principes essentiellement nécessaires à quiconque veut consciencieusement s'introduire dans les *arts alimentaires*.

Heureusement pour moi , la prévoyance et la fortune de mes parens (1), ont servi à me donner ce
degré d'élévation dans les sciences et les arts , à tel
point que mes premiers ouvrages ont reçu partout un
accueil plein de bienveillance et de bonté. Cette bienveillance, s'est partout exprimée dans les termes les
plus explicites. Cela fut pour moi une obligation de
continuer à perfectionner, à simplifier mes écrits afin
de les mettre, autant que possible, à la hauteur où
l'opinion publique avait bien voulu les placer tout
d'abord.

Il en coûte à ma modestie de retracer ici le témoignage qu'un négociant très estimable de Rouen,
M. Charles Lefèvre, fabricant de chandelles, a
publié dans un livre sur la fonte des suifs, qu'il a
fait imprimer à Rouen en 1830, où il exprime les
sentimens qu'il a éprouvés à l'examen de mes ou-

(1) Je suis petit-fils de M. Lehoc, ancien notaire à Fécamps et
fils de M. P.-F. Lehoc, décédé notaire et avocat à Chaumont, département de l'Oise.

vrages : le voici pour la gouverne de mes lecteurs :

« Le traité sur la chandelle est, selon moi, le
» meilleur que nous ayons sur l'art du chandellier.
» M. Prosper Lehoc, y décrit très bien toutes les
» connaissances nécessaires au fabricant. Les moyens
» qu'il propose sont bien entendus. Les fabricans le
» liront avec fruit.

« Nous recommandons aussi au cirier un autre ou-
» vrage du même auteur, où l'on trouvera l'exposi-
» tion d'une saine *théorie* unie à la *pratique*. Le
» *savoir faire* de M. Prosper Lehoc est clairement
» démontré dans son Manuel du fabricant de cires,
» cierges et bougies.

« Un troisième ouvrage de M. Lehoc, destiné à *régé-*
» *nérer* le commerce de l'épicerie, me semble un
» CHEF-D'ŒUVRE dans son genre (*édition de* 1827).
» L'auteur, en guerre ouverte avec la fraude et l'as-
» tuce de certains commerçans, nous fait aimer et
» chérir la droiture dans le plus grand comme dans
» le plus petit commerce.

« Le traité de l'épicerie de M. Prosper Lehoc élève
» l'âme, et fait connaître au marchand *toute la di-*
» *gnité de sa profession, quand elle est exercée avec*
» *probité, ordre et économie.*

« Le commerçant qui aurait quelque propension à
» se laisser aller à l'ignominieux tripotage, *à de hon-*
» *teux mélanges* qui se font par des épiciers indignes
» de ce nom, pourra se prémunir contre cette *fai-*
» *blesse coupable*, en lisant les écrits de M. Lehoc.
» Il y trouvera d'utiles conseils pour se garantir de
» l'entraînement auquel l'exposent les mauvais exem-
» ples.

» Pères de famille, qui destinons nos enfans à nous
» succéder dans notre utile profession, ne négligeons

» pas de leur mettre dans la main les traités de
» M. Lehoc : Ils y puiseront des principes de morale
» et de conduite qui feront leur bonheur et le nôtre,
» quand nous en aurons fait des cnefs d'établissement.
» Imbus des bons principes ; l'habileté dans leur in-
» dustrie ; la droiture, la probité, la prévenance
• envers le public ; enfin l'ordre, la propreté et
» l'economie : telles seront les qualités essentielles
» qui les distingueront du commun des marchands.
» (*Pages* 196 *et suivantes. Rouen.* 1830.)

Je remercie M. Lefèvre et généralement tous ceux de ces messieurs qui ont bien voulu m'exprimer les mêmes sentimens. Je les accepte seulement à titre d'encouragement, pour tâcher de les mériter de plus en plus dans le Traité de l'épicerie dont je v ens d'écrire une rédaction *toute nouvelle* et infiniment supérieure aux premières éditions.

J'ai divisé le commerce d'épicerie en cinq parties, y compris les principales branches accessoires. Dans la première, je débute de suite par les épiceries, pro-prement dites, auxquelles j'ai joint les aromats et les assaisonnemens dont voici l'ensemble :

Poivre noir, Poivre bl nc, Poivre long, Piment ou clou, Gérofle, Canelle, Muscade, Massis, Gin-gembre, Vanille, Genièvre, Sel gris, Sel demi-blanc, Sel blanc, Safran gatinais, Coriandre, Anis vert, Anis étoilé, Citron, Limon, Cornichon, Câpre, Capuc ne, Tomate, Verjus, Christe marine, Car-mel, Cochenille, Olive, Huitres marinées, Sardine, Anchois, Vinaigre, Huile d'olive, Huile d'œillette, Moutarde liquide, Farine de moutarde, Herbes cu-tes, Eau de fleur d'oranger.

J'indique les signes pour reconnaître le sel falsifié. Je donne une méthode facile pour fabriquer avec

1.

facilité , d'excellent vinaigre; comment on gouverne les huiles à manger , et les dangereuses erreurs de mettre l'eau de fleur d'oranger dans des vases de *cuivre* (*stagnon*).

La seconde partie forme l'âme de ce commerce ; elle en est la portion la plus formidable, parce qu'elle renferme tous les COMESTIBLES :

Cassonade, Sucre en pain , Sucre candi , Sucre d'orge , Mélasse , Miel , Sirops simples , Confitures, Café, Thé, Cacao, Chocolat, Jus de réglisse, Réglisse verte , Colle de poissons , Gélatine , Raisins , Pruneaux , Figues , Pommes tapées , Poires tapées , Fruits à cidre , Cerises , Avelines , Amandes , Orange, Fécule, Gruau , Orge , Semouil , Vermicel , Riz , Vins , Eau-de-vie , Rhum , Kirchevasser , et Tafia , Chnaps, Hydromel , Liqueurs de table , Fromages , Beurre , Raisinet, Poissons salés, Truffes.

Une révolution s'est opérée dans la fabrication du sucre, par l'introduction de la betterave : j'en explique les conséquences et les dangers. La confection des liqueurs sous ma plume est devenue plus méthodique ; un changement salutaire dans la fabrication des chocolats rendra service aux consommateurs. J'ai expliqué la meilleure gouverne pour les vins en cercles , et je donne pour la coupe des eaux-de-vie et esprits des procédés qui m'ont toujours parfaitement réussi pour neutraliser l'âcreté désagréable que leur a communiqués le *cuivre* et l'*étain* de l'alambic.

Dans la troisième partie j'ai groupé tout ce qui est employé pour l'ÉCLAIRAGE , genre d'industrie qui, aujourd'hui, prend une extension considérable en s'acheminant vers les plus admirables perfections :

Chandelles ordinaires de grosseurs et longueurs assorties, Chandelles astralles à mèche nattée de mon invention, Bougies stéarique (*de suif*), dite de l'Etoile, du Phénix, du Globe, du Soleil, de l'Eclair, du Phare, Bougies astrales, aussi de mon invention, Bougies de blanc de Baleine ou Diaphanes, Bougies de cire dites du Mans, Cierges assortis, Bougies filées dites raz ou rats de cave, Huile à brûler brute, dite épurée, Lampions, Veilleuse, Cire jaune, Cire blanche, Coton filé, écru et blanchi, Fil de Bretagne, Fil de Cologne, Fil à mèche, Mèche à quinquet, Mèche à lampe, Allumettes, Amadou, Briquets de fer, Briquets phosphoriques, Pierres à feu.

La préférence donnée au coton *blanchi* et le *nattage* de la mèche, dans la chandelle ordinaire, ont porté d'un seul trait cette fabrication au plus haut période de prospérité qu'il était possible de désirer.

Je propose aussi une nouvelle mèche en gance de coton *blanchi* pour les lampes rustiques des villageois.

La quatrième partie, objets pour les LESSIVES : Le caractère distinctif de la série d'objets qui composent cette quatrième partie du négoce de l'épicier, est d'être des POISONS! C'est pourquoi, il est très-essentiel de les réunir et de les grouper en un coin particulier du magasin *et surtout hors de la portée de la main des enfans*. Il ne faut pas oublier que plusieurs ont été victimes de l'imprévoyance de leurs parens : ils ont avalé du bleu en liqueur, de l'eau de javelle, mangé de la potasse, du bleu de Prusse, etc.

Le bon choix dans les marchandises qu'on expose en vente est, comme on le sait, le levier le plus puissant pour asseoir la bonne réputation du commerçant et le gratifier de la confiance des acheteurs. Mais, c'est surtout dans cette quatrième partie qu'il faut que les épiciers montrent une grande fermeté de caractère et d'indépendance pour repousser avec dédain tout ce qui leur est présenté de médiocre.

En effet, remarquez, je vous prie, que tout ce que vous admetteriez de défectueux serait au détriment de votre clientelle, et que dans les articles de LESSIVES, il faut constamment que chaque marchandise produise très bien l'action pour laquelle elle est employée, si non, on éprouve mille mortifications pour prix de ses peines en sus de la dépense.

Il faut aussi avoir égard à ce que, cette série de marchandise est d'une vente assurée et assez rapide. En voici l'énumération.

Savon blanc, bleu pâle et bleu vif, Savon de suif, Savons de toilette, Savons mous, rouge, vert, incolore, Soude, Potasse; Sel de cuisine, Alun, Sel d'oseille, Eau de javelle, Indigo, Bleu en liqueur, Boules de bleu et autres, Bleu de Prusse, Tournesol, Pierres bleues, Azur, Amidon, Empoi, Gomme, Fleur de soufre, Cire blanche, Terre à foulon, Terre de pipe, Grabeau de thé.

Enfin, dans la cinquième partie, les articles d'ASSORTIMENS. Il m'était impossible de décrire ici tous les objets que l'épicier ajoute, *suivant chaque localité*, aux quatre parties déjà très nombreuses qui font la base fondamentale de son négoce. Je me bornerai donc aux articles dont la vente se fait le plus souvent dans l'épicerie; ce sont les suivans :

Encre à écrire, Encre rouge, Encre pour le linge, Plumes d'oies, Plumes métalliques de Perry, Cires et pains à cacheter, Poudre de buis, Papiers, Ficelles, Cirage, Cire à giberne, Eméri, Tripoli, Éponges, Pierre ponce, Encaustique.

Dans un petit appendice, je donne quelques explications qui sont de la plus grande urgence *sur la nature des ustensiles* dont la réforme est impérativement reclamée par l'état actuel des connaissances acquises, afin de ne plus porter une atteinte *occulte* à la santé publique.

J'ai terminé mon ouvrage par un aperçu sommaire et rapide, des principales qualités morales, intellectuelles, sociales et politiques dont l'épicier doit faire auta tque possible l'acquisition, afin de paraître avec avantage sur la scène du monde, dans une profession qui, par sa nature, le met en grande évidence.

J'ai épargné à mes lecteurs les détails fastidieux et abstraits, je me suis attaché à ne retracer que le *Genie de l'épicerie*, parce que c'est particulièment pour les JEUNES GENS de l'époque et pour les générations futures que j'écris.

Le traité de l'épicerie ser pour les gouvernemens et pour les mairies, un document très essentiel à consulter sous tous les rapports. Le confiseur, le distillateur, le pharmacien y puiseront d'utiles leçons.

Pour la clarté du texte, chaque proposition nouvelle portera un numéro.

POST-SCRIPTUM.

Au moment où je clos cet écrit pour l'envoyer à l'imprimerie, un illustre français, un vénérable vieillard vient de des endre dans la tombe. Les opinions sont trop divergentes sur le compte de ce grand homme. Voici l'inscription que je propose pour mettre au bas de son portrait, en tête de ses écrits et sur sa tombe :

Le prince de Talleyrand
n'a jamais préféré
ni servi que sa PATRIE.

PREMIÈRE PARTIE. — LES ÉPICERIES.

ARTICLE PREMIER.

1. Poivre noir. C'est la semence d'un arbre des
forêts des Indes et des deux Amériques ; semence farineuse , imprégnée d'une *huile* siccative , *très
âcre , très irritante.* En séchant, après la récolte,
son épiderme (*écorce*) devient noir et ridé plus ou
moins. Le poivre qui a fructifié sous des conditions
atmosphériques avantageuses est plus gros , plus
lourd, plus noir et infiniment moins ridé. On donne
à cette première qualité les titres de *poivre anglais ,
poivre de Hollande ,* parce que autrefois les négocians hollandais et anglais avaient le bon esprit de
ne commercer qu'avec ces premiers choix , sûrs
qu'ils étaient d'en avoir une vente prompte et avan-
tageuse , laissant aux négocians des autres nations le
triste avantage de spéculer sur les *poivres légers.*

2. Le poivre léger est plus petit , beaucoup plus
ridé ; souvent dénudé de son écorce qui forme
alors le *grabeau* de poivre. Porté sur la langue, il
est moins irritant que le poivre lourd.

3. Plus le poivre est de nouvelle récolte plus il
a de vertu. Ces poivres sont sujets à perdre beaucoup de leur poids et de leur qualité en magasin.
C'est pourquoi il faut les emmagasiner dans un lieu
bien clos , mais sec ; bien luter les boucauts et
boîtes ; et recouvrir toujours les s·cs afin de

conserver le mieux possible *l'huile essentielle et volatile* qui en constitue le véhicule donné par la nature.

4. Quand le poivre est devenu trop vieux et qu'il perd beaucoup son épiderme et ses autres qualités marchandes, peut-on par quelque pratique simple lui redonner un aspect moins défavorable?

Je pense qu'il faudrait d'abord le cribler doucement pour en séparer le grabeau ; ensuite, le rouler dans un sac de basanne humecté intérieurement d'un peu de bonne huile d'olive surfine de Marseille, mais en infiniment petite quantité. La présence de ce fluide pénétrant, donne au poivre un aspect de jeunesse et de bonne culture, qui en augmente le mérite. Je le répète, il faut être réservé sur la petite quantité d'huile à employer pour revivifier une balle de poivre. Je donne la préférence à l'huile d'olive, parce que c'est un moyen salubre et convenable.

5. Le poivre est sujet à contenir des fragmens de pierre et autres corps étrangers, qui, en le moudant ébrèchent les dents du moulin ; c'est pourquoi il faut l'éplucher avant de le moudre. Il n'en faut moudre que pour une ou deux semaines, afin de conserver sa force.

6. Dirais-je qu'il existe des êtres assez fripons pour mélanger dans le poivre et dans le piment *moulus*, une poudre qu'ils achètent sous le nom, *d'épices d'Auvergne* ou épices grises, épices rouges ; poudres inertes produites par quelques herbages des montagnes de l'Auvergne dont ils ignorent et l'origine et les vertus. Ces êtres là sont des filoux et des empoisonneurs sur lesquels on a fait déjà plusieurs caricatures et chansons mordantes, *très épicées*.

7. Le poivre blanc n'est autre chose que du poivre noir dont on a enlevé l'épiderme, à peu-

près comme on enlève l'épiderme des pois ou de l'orge, pour faire de l'orge perlé.

8. Voici la manière d'y procéder : on fait tremper du poivre noir et lourd en le couvrant d'eau froide pendant une heure, on retire l'eau qui pourra encore resservir pour un semblable usage ; on met le poivre humecté dans une grande bassine demi-sphérique (forme en calotte) en tôle, criblée d trous, dont le coup de poinçon aura repoussé les aspérités en dedans du vase. On suspend cette bassine comme un plateau de balance, et l'on fait circuler en rond la semence sur ces aspérités rongeantes, qui usent l'épiderme très parfaitement et le criblent en même temps; on le rince. Ainsi dénudé, le poivre est roulé de nouveau dans une autre bassine où se trouve un peu de bel *amidon* délayé dans de l'eau, pour donner au grain du poivre la couleur blanche, et le *perler*. Ce procédé n'est pas une fraude, c'est un *charme* accordé à la marchandise.

9. On a reproché encore aux fripons ou plutôt aux *ignorans*, la ruse de rouler leur poivre dans du *blanc de céruse*, pour le blanchir et pour en augmenter frauduleusement le poids !

On peut constater cette falsification en versant sur ce poivre un peu de dissolution de *sulfure de potasse*. Le poivre qui est recouvert de céruse deviendra noir comme de l'encre.

Mais l'amidon ou la farine sont des choses innocentes qu'on peut avouer. C'est d'ailleurs ainsi qu'on fait les dragées.

10. Quand le poivre est ainsi écorcé et blanchi on le fait sécher complètement à l'ombre, sur une grande surface, avant de l'emballer.

11. Les épiciers détaillans sont dans l'usage de

concasser le poivre dans le moulin, *très relâché*, pour former ce qu'ils appellent de la *Mignonette* ou gros poivre.

12. Il vaut mieux moudre le poivre deux fois qu'une. Pour la première mouture on relâche la vis de pression du moulin, et à la seconde fois on la resserre pour le rendre aussi fin que possible.

13. Ce moulin ne doit servir que pour le poivre et le piment afin de ne point contracter d'odeur étrangère à ces épices, et de ne point communiquer celles-ci aux autres denrées.

14. Le Poivre long est le fruit d'une plante qu'on cultive dans tous les climats, surtout à Paris ; ce fruit et son enveloppe ont le goût *âcre* et *brûlant* du poivre de l'Inde. Il est vert d'abord et devient rouge ponceau en sa parfaite maturité. Il entre dans la composition des *variantes*.

15. Piment. Cette semence est moins âcre et plus aromatique que le poivre, son épiderme ne se grime jamais comme celui du poivre, sa couleur est jaune noisette foncé, le plus gros grain est le plus estimé ; cependant, le petit grain est aussi bon. On le conserve et on le moud comme il est expliqué dans l'article poivre : la consommation en est moindre. Le piment attire un peu l'humidité de l'air et se moisit. Quand il a été mouillé (*mariné*) à bord du navire, il est d'une teinte terne, un peu grise. On l'appelle aussi du Clou, sans doute par analogie avec le clou de Gérofle.

16. Le Gérofle est la fleur non épanouie et désséchée d'une plante très aromatique et huileuse, mais plus aromatique, moins âcre et moins brûlante que le poivre. Deux ou trois clous de gérofle suffisent pour aromatiser un pot-au-feu pour six person-

nes. Il s'altère au contact de l'air libre, s'y dessèche, perd beaucoup de son poids, et toute sa vertu aromatique. Je conseille de le conserver en des bocaux à col droit, fermés avec des bondons de liège fin et bien ajustés.

C'est de cette manière qu'il faut conserver toutes les substances aromatiques.

On peut aussi rajeunir le Gérofle et lui communiquer une bonne conservation en le maniant doucement avec les mains imprégnées d huile d'olive surfine, mais avec modération.

17. Les filoux sont dans l'usage de remettre en vente un Gérofle qu'ils ont fait infuser pour en avoir la vertu. Ce Gérofle n'a plus de goût, il est plus décharné ; quelquefois il est mêlé avec d'autres.

18. La Muscade est aussi le fruit d'un arbre aromatique des Indes. On dit vulgairement une *noix muscade*, quoiqu'elle ne renferme ni noix, ni noyaux, mais bien une pâte organisée, aromatique ; et, au lieu de coquille comme sur la noix, c'est tout simplement un epiderme très dur et adhérent.

Ces fruits, âcres et brûlans, sont pourtant assujétis à être dévorés par les vers ; oui, des vers rongeurs percent la muscade, se logent et se nourrissent de sa substance. Le remède à ce mal, même pour l'éviter, est aussi de les frotter d'un peu d'huile d'olive surfine.

19. On conserve la Muscade de la même manière que j'ai enseigné pour le Gérofle. Pour en faire usage on la divise au moyen d'une rape quelconque. L'infusion de cette poudre dans l'eau-de-vie avec le safran et la canelle, aussi en poudre, peuvent servir de base à plusieurs sortes de liqueurs de table.

20. Canelle. Il y en a de deux sortes, savoir :

la Canelle de Chine qui est la plus employée et la moins chère ; et la Canelle de l'île de Ceylan, qui est plus aromatique, plus rare et plus recherchée pour la distillation et le chocolat.

La Canelle est la seconde écorce d'un arbre aromatique des climats brûlans de la zône torride, sous l'équateur. Cette écorce exerce sur le corps humain une activité beaucoup plus grande qu'on ne le pense; aussi, n'est-ce qu'à d'infiniment petites doses qu'il faut en user, quel que soit le cas pour lequel on y a recours.

Pour la mettre en poudre on la pile et on la tamise. On la conserve comme le Gérofle.

21. Les personnes qui font le commerce de ces épiceries, doivent se faire une habile et fréquente habitude de les bien connaître à la vue, au toucher, à l'odorat et au goût.

22. Le Massis est la coque de la Muscade ou plutôt son calice. On prétend qu'il a un peu des mêmes propriétés, mais il est rare qu'on nous en demande.

23. Le Gingembre est une racine dont le goût approche beaucoup de celui du poivre. Les Anglais, les Hollandais et nos compatriotes des départemens vers le nord, en font un grand usage pour rendre la bière plus spiritueuse et de plus longue garde. A Londres on le confit au sucre comme on le fait ici pour l'angélique.

24. La Vanille est la reine des épices; c'est l'aromat le plus délicat et le plus exquis qu'il y ait dans toute la nature. Aussi, cette production précieuse est-elle toujours à un prix si élevé qu'il n'y a que l'opulence qui puisse y atteindre. Beaucoup de chocolats qu'on étiquette *à la vanille* n'en contien-

nent pas du tout ; la vanille y est remplacée par du
gérofle , etc.

25. Une singularité de la *gousse de vanille* c'est
qu'il en sort, après que la récolte en est faite,
une sorte de végétation *cristalline* qui ressemble au
givre des frimats. C'est pour cela qu'on l'appelle
alors *vanille-givrée*, alors aussi, il ne faut pas la
laisser toucher inconsidérément. On est dans l'usage
de garder les paquets de vanille dans des caisses de
fer-blanc. C'est ainsi qu'elle nous arrive de l'Espagne et du Portugal pour la consommation de Paris
et de la France.

26. Quand la vanille a perdu son givre et son
onctuosité, elle se dessèche et jaunit. On peut la
rajeunir par un léger frottement avec les doigts
humectés d'huile d'olive surfine.

27. Ainsi, vous le voyez, l'huile douce de l'olivier
est la conservatrice et la réparatrice de presque tous
les aromats qui se détériorent. J'aurai encore occasion de la proposer pour la conservation des fromages.

28. Vous voyez aussi combien il faut que l'épicier ait de vigilance et de discernement pour
choisir, conserver et réparer tant de denrées, qui
sans cesse cheminent vers la destruction.

29. Une gousse de vanille ressemble assez bien
à une cosse de haricot ; mais étant mûre elle
est d'un brun foncé comme le marron : on dirait une
sangsue allongée.

30. Le Genièvre est un petit fruit rond qu'on
pourrait avec raison appeler le *Poivre du Nord*, ce
fruit ou plutôt cette semence est très aromatique,
mais plus humide, plus grasse et plus onctueuse que
le poivre des Indes.

On s'en sert pour composer diverses sortes de

boissons fermentées. Il est sujet à moisir : il faut en surveiller la réserve.

31. LE SEL GRIS, est l'assaisonnement le plus universellement employé qui existe dans toute la nature, mais pourtant il n'en faut user que dans l'absolue nécessité et toujours avec modération, autrement il détruit nos organes et produit une mort lente, mais irrévocable.

L'ignorant croit au contraire, que plus il mangera de sel et plus il vivra long-temps, mais il n'en est pas ainsi. Tout ce que le sel touche est bientôt frappé de destruction : serait-ce même du fer ou du marbre il n'y a que la poterie de grès qui lui résiste.

32. Pourquoi faut-il qu'une substance *minérale*, si utile et à si bon marché, soit aussi en proie à la filouterie des falsificateurs et des alchimistes ?....

Il y a à Paris et dans quelques villes des départemens des fabricans de produits *diaboliques* (*vous comprenez...*) dont l'ignorance égale l'effronterie ; eh bien ! ces infâmes font une spéculation de fondre de bon sel de cuisine pour y faire cristalliser de nouveau des *sels terreux* dont l'action est funeste au corps humain.

33. Ces sels falsifiés sont cependant faciles à reconnaître à la vue : la cristallisation en est plus irrégulière, plus confuse, plus arrondie ; la teinte est aussi plus terne. Le conseil de salubrité, sur 3,023 échantillons, en reconnut 309 qui étaient falsifiés.

La police est constamment aux trousses de ces *alchimistes empoisonneurs*. Elle a fait de fréquentes saisies, mais c'est particulièrement à l'épicier qu'il appartient de n'acheter de sel gris et même de sel blanc, que dans des magasins où ces infâmes tripotages sont ignorés. Il ne doit acheter ces sels qu'à

des négocians qui les vendent tels qu'ils les ont ache-
tés et non pas à des fabricateurs suspects.

Il y a dans le nord de la France des *salineurs* pro-
bes et intelligens qu'on ne confondra jamais avec des
prévaricateurs.

34. Le sel est d'un débit certain , surtout en [hi-
ver. On peut avec assurance en faire une ample provision au mois d'octobre pour satisfaire à la vente des
4 mois d'hiver. Il lui faut un magasin sec mais à l'exposition nord afin qu'il perde moins de son poids.

35. Quand on a vidé les sacs on les lave dans une
petite quantité d'eau bouillante pour fondre et dégorger le sel dont ils sont imprégnés. On fait évapo-
rer cette eau pour obtenir le sel cristallisé.

On rince les sacs avant de les faire sécher. Par ces
soins ils durent plus long-temps. On doit aussi les
entretenir en parfait état de réparation, renforcer les
coutures au moyen d'un fort ruban de fil et doubler
le fond du sac.

36. On obtient le sel par évaporation de l'eau de
la mer qui est excessivement salée ; on évapore aussi
l'eau salée de quelques sources , et puis on trouve encore dans le sein de la terre des mines où le sel y est
complètement cristallisé ; tous ont besoin d'être
épurés plus ou moins. On pousse quelquefois le raffinage du sel jusqu'au blanc le plus parfait. Souvent le
sel blanc est pilé tout exprès pour la table.

37. On doit tenir tous ces différens sels dans la
plus parfaite propreté, couverts, et à l'abri de la
poussière et des mauvaises odeurs.

38. Le plateau de balance qui sert à peser le
sel au détail doit être fait avec une assiette ou un plat
de *fayence* pour éviter la rouille et le vert-de-gris.

39. Le Safran du Gatinais est une très petite

fleurette, effilée en lanière. On le récolte sur une plante de la nature des oignons, qui est cultivée dans les départemens méridionaux de la France. Il donne une fort belle teinture *jaune* qui sert au liquoriste, au pâtissier, à l'apothicaire et même au teinturier. L'air et la lumière dénaturent le safran, c'est pourquoi il faut l'enfermer avec soin dans des bocaux qui bouchent bien. On les recouvre de papier noir pour intercepter la lumière. Ne pas faire de grandes provisions. Cette marchandise est fort chère.

40. La Coriandre est une petite semence ronde, jaune, grosse comme un grain de poivre ; elle est un peu aromatique et chaude, elle sert en cuisine et pour faire des ratafiats.

41. L'anis vert est une petite semence longue et grêle, très aromatique mais agréable, c'est pourquoi elle est employée pour les liqueurs, pour aromatiser du jus de réglisse, pour parfumer certains fromages, etc. L'anis vert attire l'humidité de l'air et se moisit. Il exige des soins. On le cultive en France.

42. L'anis étoilé des Indes a plus de vertu que le précédent. Il est beaucoup plus cher. Sa forme est bien celle d'une *étoile rayonnante*. On le distille pour faire l'anisette de Bordeaux, qui est une liqueur universellement estimée. Si on se contente de le faire infuser on a de l'anisette *rouge* qui est préférable pour l'estomac. On achève de la colorer avec la cochenille ou bien du bois de Fernambouc.

43. Le Citron est un fruit qu'on récolte dans la Provence, à Naples, en Italie, etc. Ils exigent beaucoup de soins et de précautions pour éviter qu'ils se dessèchent trop vite ou qu'ils pourrissent; le mieux est les laisser dans leur enveloppe de papier et dans la caisse, de les vendre *tous venans*, c'est-à-dire, sans

choisir, parce qu'en effet on ne peut choisir sans altérer et dénaturer ces fruits, susceptibles des plus légères impressions.

La caisse de citrons Messins en contient 36o, celle des citrons de Reggio en contient de 445 à 47o, et la caisse de citrons de Naples 41o à 42o.

Le prix de la caisse de ces trois sortes, varie selon les circonstances depuis 3o fr. jusqu'à 5o fr. sur la place de Paris. Les Messins sont les meilleurs marchés parce qu'ils ont moins de vertu. Ceux de Naples sont les plus fins et les plus chers.

44. Le jus de citron étendu dans de l'eau est une boisson rafraîchissante et anti-putride, préférable au vinaigre. L'huile volatile de l'écorce sert à aromatiser les pommades et les huiles de toilette.

45. Il y a une variété qui porte le nom de Limon, il est plus gros, plus allongé, et moins juteux que le citron.

46. Les Cornichons sont de petits concombres cueillis avant d'avoir grossi. On les essuie et on les fait mariner dans une saumur de sel fondu dans de l'eau et un peu de vinaigre.

47. Il serait mieux de les couvrir d'eau froide, les mettre chauffer sur le feu et subir un quart d'heure d'ébullition. C'est alors et seulement alors qu'on les mettrait dans une saumur. On jette l'eau qui a servi à les blanchir. On prépare de la même manière les câpres, les boutons de capucine, les tomates, le verjus, la christ-marine, les olives, la betterave, les petits oignons, etc., dont on compose des bocaux de variantes pour la table des amateurs.

La saumur doit marquer 5 degrés au pèse-acide.

48. Les Sardines et les Anchois sont de petits

poissons qu'on pêche dans la Méditerannée et que l'épicier débite aussi à l'état salé comme des assaisonnemens.

49 Le Caramel est un sirop dont on a poussé la cuisson jusqu'à le brûler, jusqu'à le noircir, mais pas cependant jusqu'à le convertir en charbon. Il faut avoir fait plusieurs expériences avant de réussir à faire bien le caramel. Si on se sert d'une marmite de *fer*, il aura une teinte *noire* ; si on emploie un poêlon de *cuivre*, il aura bien certainement du *vert-de-gris* en dissolution ; le mieux est de le faire cuire dans une terrine de terre cuite (*argile*) non vernissée qu'on nomme *camion*. Voyez ce que je dis au chapitre des ustensiles.

50. Pour faire le caramel on se sert de sucre ou de mélasse ou de miel qu'on délaie dans peu d'eau pour le faire bouillir et concentrer vivement. Mais il faut la précaution d'avoir un vase d'eau *bouillante* pour le délayer, tandis qu'il est encore en fusion, car autrement il se concrète et devient dur comme une pierre. Il ne faut introduire l'eau bouillante que par petites fractions et prenant garde qu'elle ne vous saute au visage par l'effet de la violente chaleur du sucre caramelé. Quand il est refroidi et reposé on le soutire à clair pour le conserver en des bouteilles qui bouchent bien. Il sert à colorer le cidre, la bière, les liqueurs, le bouillon , etc.

La mélasse du *sucre de canne* peut suffire à cet usage.

51. La Cochenille est un petit insecte qu'on recueille en Portugal et en Espagne , et que nous employons pour colorer en rouge les liqueurs de table. On la pile en poudre et on la fait bouillir à petit feu dans un peu d'eau.

52. On fait avec le bois de Brésil ou Fernambouc une couleur rouge qui est moins belle mais
qui est moins chère. Elle se prépare de la même
manière et sert aux mêmes usages.

53. Bois de Brésil ou Fernambouc. Il varie beaucoup en qualité. Il n'a point de moelle, et a beaucoup, infiniment beaucoup d'aubier.

Le Brésil de *Fernambouc* est le plus estimé, il **est**
lourd, d'abord pâle quand on le coupe, mais bientôt l'action de l'air lui fait prendre un beau **rouge**
cerise. Il a le goût sucré.

Par décoction et au moyen de l'alun on peut **en**
faire un carmin, une laque pour la miniature.

54. Le Vinaigre, c'est du vin aigri ou bien d'autres boissons qu'on a laissé arriver convenablement jusqu'à la plus parfaite acidité. La bonne qualité du vinaigre est d'avoir une grande force aci-
dule et un peu *spiritueuse.*

55. Mais on ne peut le consever tel, que dans des
vases *toujours bien bouchés.*

Sans doute pour convertir le vin en vinaigre il lui
a fallu de l'air ; mais une fois qu'il est acidifié, l'air
le décompose. Il faut donc conserver le vinaigre dans
des bouteilles ou dans des barils bien bouchés. Il est
des épiciers qui ignorent cette règle de leur état.

56. Il y a du vinaigre blanc et du vinaigre
rouge. Ils sont en barique de 3o veltes (24o litres)
ou en quart de 15 veltes (120 litres). Orléans est la
ville qui fabrique le meilleur vinaigre à cause de la
nature particulière des vins du Loiret.

57. On a essayé d'introduire un vinaigre qui pro-
venait de la distillation du bois (*acide-piro-ligneux,
ou plus simplement du bistre*) ; cette conception ridi-

cule n'a trouvé que des railleries , ou bien si elle est
versée dans le commerce c'est sous l'anonyme.

58. Mais il est une autre issue pour les falsificateurs , et ce sera encore l'*acide sulfurique* qui servira à la fraude dans le vinaigre. Ce genre de vinaigre
improvisé *noircit* l'argenterie . C'est là le moyen de
le reconnaître. Il occasionne des maux de dents vio-
lens et de longue durée.

59. De toutes les fabrications, le vinaigre est celle
à laquelle l'épicier peut se livrer; d'abord, parce qu'il a
un débit continuel et assuré , ensuite parce que ce
vinaigre se forme sans qu'on ait eu beaucoup à s'en
occuper. Voici la manière d'y procéder :

60. Une ou plusieurs feuillettes de 140 litres de
vin blanc ou rouge , seront placées debout sur chan-
tier, dans un lieu sec et chaud, à l'exposition du midi,
et là où on peut mettre un poêle qui sera chauffé dans
l'automne , l'hiver et le printemps, afin d'avoir une
température de 15 à 20 degrés. On tire de chaque
feuillette 30 litres, afin d'y faire du vide pour l'introduction de l'air et pour y loger d'abord 10 litres de
fort vinaigre déjà fait. Avec une *latte* on mêle avant
et après cette introduction ; on laisse la bonde *ouverte*. Le vin *s'acidifie* de jour en jour. Après 8 ou
10 jours on remarque déjà des *fleurs* dessus, qui
suivent la *latte* qu'on y a introduit ; alors on mêle
de nouveau pour y introduire encore 10 litres de fort
vinaigre. On mêle cette seconde introduction. Dix
jours après l'on remarque qu'une forte couche de
ces *fleurs blanches* surnagent, cela est un signe certain
que la Mère de Vinaigre travaille ; on la laisse encore s'aigrir pendant 10 jours, ce qui au total fait
un mois. Le vinaigre est alors parfait en qualité.

On en soutire la moitié seulement de chaque feuil-

lette pour en former de grosses bouteilles pour le détail ou bien des quarts d'Orléans pour le demi-gros.

Les feuillettes étant restées à moitié de vinaigre,
elles y resteront perpétuellement comme *matrice* ou
mère à vinaigre; mais de suite on y réintroduit 20 litres
de vin pour en retirer 10 jours après 20 litres de vinaigre et continuellement ainsi sans aucune interruption.

61. On peut ajouter à sa couleur avec des baies
de sureau ou du bois d'Inde effilé.

On le décolore par le noir d'ivoir en poudre quand
on veut avoir du vinaigre blanc, très blanc, et l'on
filtre à travers du sable très fin.

62. Il faudrait pour détailler le vinaigre ne se servir que de mesures en grès ou en verre, et d'entonnoirs de bois ou de verre, et toujours de robinets de
bois.

Je conseille de coller le vin et de le soutirer à clair
avant de le convertir en vinaigre.

63. La MOUTARDE est composée de semence de
sénevay, trempée dans du *vinaigre* et broyée entre
deux pierres meulières, qui sont assemblées dans un
baquet. Celle de dessous est fixée et scellée au baquet même. A son centre est un pivot en fer rond
scellé, d'un pouce de haut ; c'est dans ce pivot qu'un
anneau scellé au centre de l'autre pierre vient s'ache-
valer pour la fixer centralement. Puis, vers le bord
supérieur et excentrique est un autre anneau scellé
aussi dans la pierre qui sert à recevoir le pivot en fer
rond, d'un bâton qui y entre d'un bout, et qui, de
l'autre, va s'emboîter dans un trou fait au plafond,
pour servir de point d'appui. Les choses ainsi dispo-
sées on prend ce bâton de la main droite ou à deux
mains, et l'on fait tourner la pierre de dessus sur
celle de dessous. C'est dans ce frottement continue,

que la semence de moutarde se trouve écrasée en bouillie épaisse, qui s'échappe par un *trou* et une *bavette* pratiqués latéralement au niveau de la jonction des deux meules.

La meule de dessus, à son centre, est percée d'un trou conique qui la traverse pour le passage de la graine humectée.

64. Bien que la graine ait trempée pendant trois ou quatre jours, couverte de vinaigre, il faut encore quand on la moud ajouter quelque peu de ce vinaigre pour aider son écoulement et lui donner la consistance convenable. Cependant, si l'on met trop de vinaigre, la moutarde sort avant d'avoir été moulue assez fine : c'est une étude qu'il faut que chacun fasse.

65. Dans cette association de sénevay et de vinaigre, on a la moutarde simple qui est bonne. Mais on ne s'en tient pas là, et l'on fait des moutardes à toutes sortes d'*aromats* dont elles prennent le nom, tels que : l'estragon, le céleri, jus de citron, verjus, la sauge, etc. Quelquefois on associe plusieurs de ces produits, on pile ces plantes pour les délayer dans du vinaigre et l'on coule avec expression; la dose est de 4 onces de plantes par litre de vinaigre qui doit servir à broyer la moutarde.

66. On débite aussi ces vinaigres aromatiques pour la table après les avoir filtré.

67. L'HUILE D'OLIVE est la meilleure et la plus chère. Elle est sujette à perdre beaucoup de ses bonnes qualités en vieillissant, c'est pourquoi il ne faut pas en faire de provision pour plus d'une année; et encore faut-il y donner les soins les plus intelligens pour éviter qu'elle ne contracte le goût de rance.

3

68. Quand une tonne ou botte d'huile est entamée pour le détail, il convient de la soutirer à clair dans plusieurs petits barils ou de très grandes cruches ou bouteilles. On met le marc filtrer à travers un filtre d'etoffe blanche, dans un lieu chaud. Alors, il faut toujours vérifier la tare nette de la tonne et en tenir note écrite, pour vérification et pour renseignement ultérieur.

69. Si on laisse une tonne d'huile à manger trop long-temps en vidange; l'huile contracte une *ardeur* par l'effet de l'air de la vidange; et de plus, elle prend un mauvais goût par l'effet de la lie ou fesse, qui éprouve une fermentation inévitable à mesure que cette lie se sépare de l'huile.

70. Dans le commerce des huiles on est exposé à beaucoup de pertes de diverses natures, et il est très difficile de s'enrichir si on n'a pas assez de vigilance et de discernement.

71. Marseille fournit les huiles les plus délicates pour le service de la table. On les désigne en huile fine, ou huile surfine.

72. On tire aussi d'Aix une huile plus verte et qui porte *un goût de fruit vert* qu'on ne rencontre jamais dans celle de Marseille, de Naples et d'Italie.

73. L'HUILE D'ŒILLETTE est produite par une petite semence de *pavot* blanc qu'on cultive dans les plaines de la Flandre. La meilleure est celle qui est pressurée *à froid*, mais, pour exprimer totalement le marc, on a recours au feu; alors on a une huile de seconde qualité qui est moins douce et moins blanche, c'est-à-dire, qu'elle est un peu plus jaune.

74. Lille et Arras vendent des huiles d'œillette, de lin et de colza par petites tonnes d'un hectolitre. Ainsi, il faut exiger que la tonne soit pleine sauf un

pouce de vidange et que le barrillage soit bien condi-
ditionné, platré des deux bouts, bien bondonné.

75. En mélangeant quelques portions d'huile d'o-
live avec de l'huile d'œillette dans diverses proportions, on a la facilité de faire une HUILE MIXTE d'un
prix moyen, pour contenter les acheteurs dont la
dépense est limitée. Cette pratique n'est point une
falsification ni une fraude; elle peut être avouée sans
en rougir.

76. Les *huiles de faine* et de *noix* sont trop peu
dans le commerce pour en faire une mention. Au surplus les règles de gouverne sont les mêmes.

77. Le Thym est une jolie petite plante aromatique des jardins, qu'on cueille quand elle est en fleur
et qu'on fait sécher pour l'usage de la cuisine.

78. Les FEUILLES DE LAURIER sont aussi employées
aux mêmes usages que le thym.

79. L'AIL doit aussi se trouver chez l'épicier obli-
geant, ainsi que les ÉCHALOTTES et même les OIGNONS
BRULÉS qui, dit-on, ne sont le plus souvent que des
tranches de diverses racines, séchées au four et sur-
chargées d'un *caramel* qui, par son aspect, ressemble
un peu à du goudron.

80. Ici finit le chapitre des épiceries d'assaisonnement. Il conviendrait autant que possible de les réunir en un seul groupe dans une partie spéciale du
magasin, séparées des autres marchandises.

DEUXIÈME PARTIE. — LES COMESTIBLES.

81. La CASSONADE est un sel fortement sucré qu'on
obtient par la condensation et la cristallisation du
suc de *canne* (*ou roseau à sucre*). C'est ainsi qu'elle est
exportée des Indes et de l'Amérique, dans tous les

ports de mer . Il y en a de trois à quatre nuances
brune, blonde, blanche, très blanche. Elle est contenue dans des bariques ou dans des caisses ou
dans des sacs de peau. Elle est plus ou moins sèche
et c'est là une condition essensielle qui peut occa-
sionner de la perte sur le poids. Elle est quelquefois
avariée pour avoir contracté quelques mauvaises
odeurs. Jamais on ne lui a trouvé une pureté convenable. La négligence semble innée chez les insulaires.

82. Lorsqu'on met un colis de cassonnade au détail il faut commencer par ôter tous les petits corps
étrangers qu'on y trouve ; et le tenir constamment
couvert et à l'abri de la poussière et de l'humidité.

83. L'exposition du midi est des plus favorables pour
presque tous les comestibles , excepté ceux qui
sont d'une nature grasse.

84. On a baptisé les cassonnades, les sucres, les
cafés , les cacaos de différens noms originels dont
on décore les prix courans sur les places de commerce. Ces noms sont, comme on le pense bien,
un peu charlataniques et très souvent mensongers. Le
négociant qui a l'intention de traiter d'un marché ,
interroge ses sens et son jugement. Il laisse dire au
courtier tout ce qui lui plaît. Il achète la denrée en
raison des qualités qu'il y trouve puisqu'il ne peut
pas toujours être certain de son origine.

85. C'est avec ces cassonnades que le raffineur fabrique le sucre en pain en les épurant , en les blan-
chissant et en leur faisant éprouver une nouvelle
cristallisation dans des pots d'*argile* qu'on appelle
formes à sucre.

86. Le Sucre en pain, présente d'un seul et même
morceau, une masse de matière qui va depuis un kilo.
jusqu'à 10 ou 12 kilo.

Pour l'obtenir ainsi, il a fallu le séparer d'une

partie du sucre le plus mur, c'est la *melasse* ou sirop de sucre ; il a fallu le raffiner en faisant coaguler les ordures les plus grossières au moyen de l'eau de chaux, du sang de bœuf. Il a fallu le décolorer en le faisant bouillir avec du *noir d'os en poudre*, le filtrer pour l'en séparer. Il a fallu rincer le grain du sucre en faisant égouter dessus une pâte de *terre glaise*. Enfin, il a fallu le faire long-temps sécher dans une étuve fortement chauffée et très aérée. C'est alors seulement, que le raffineur le vend au négociant, celui-ci le revend en demi-gros à l'épicier, au confiseur, au distillateur, au chocolatier, au limonadier, etc.

87. Un des principaux caractères du sucre de *canne*, quand il n'est pas mêlé de sucre de *betterave*, est d'attirer l'humidité de l'air et de se ramollir. Ce n'est pas un défaut, c'est au contraire une vertu. Il fond aussi avec plus de facilité. Il est infiniment plus sucré, plus doux, plus appétissant.

·88. Mais une industrie nouvelle et rivale s'est élevée sur le continent d'Europe, et la culture de la *betterave*, et sa conversion en sucre brut, en sucre raffiné a changé entièrement l'état et la nature même de la matière.

89 La pensée dominante a été d'édifier au moyen d'une *racine froide*, sous un climat tempéré, un produit qui ressemble autant que possible, à la production d'un *roseau* qui s'élève à la surface de la terre, jusqu'à 15 pieds de hauteur, sous le soleil brûlant de l'Amérique, des Indes et de l'équateur !

90. Tout ce qu'on fait aujourd'hui pour arriver à cette similitude, à cette comparaison, n'est certainement pas conforme, ni aux règles d'une sage politique, ni aux lois de la physiologie et de l'hygiène. Mais le commerce d'épicerie ne peut rien dans cette

affaire, il vend le sucre comme il l'achète, tant pis pour les gouvernemens qui s'abusent ; tant pis pour les raffineurs qui s'illusionnent; tant pis, hélas ! pour le consommateur qui use d'une denrée dont il ignore la *nature intime et son action sur nos organes.* Le temps et les évènemens seuls seront toujours les correcteurs du genre humain.

91. Mais une faute impardonnable que commettent les raffineurs et les négocians : c'est de faire voyager le sucre en pains *sans être enveloppé*, et de le conserver ainsi, *dans cet état de nudité*, dans les soupentes de leur boutiques ; de l'étaler par fractions sans être aucunement *abrité* contre la poussière *immonde* qui descend des étages supérieurs. C'est là surtout que les épiciers se montrent d'une indifférence blâmable qui va presque jusqu'à la stupidité.

92. Espérons que pour remédier à ce charlatanique entraînement de démonstration mercantile *et inutile*, S. Excell. le ministre du commerce proposera à la signature de SA MAJESTÉ, une ordonnance royale qui oblige de tenir *propres et couvertes toutes les substances alimentaires qui ne sont pas susceptibles d'être lavées avant d'en user.*

93. Autrefois, l'enveloppe du sucre était trop épaisse et trop lourde ; aujourd'hui on n'en met plus du tout ou que de très mince, qui est trop tôt déchirée.

94. Pendant dix ans on s'est tourmenté après le sucre de *betterave* sans obtenir rien de satisfaisant; l'idée de recourir à l'ACIDE SULFURIQUE à levé toutes les difficultés, renversé tous les obstacles, préparé des succès inouis.

Mais pour l'homme qui s'occupe d'hygiène et de physiologie, mais pour l'homme qui connaît les lois immuables de la chimie *et de la vitalité* : il ne peut s'empêcher de s'interroger et de se demander quel rôle joue cet acide sulfurique (*huile de vitriol*) sur les surfaces de *cuivre* et sur les sels terreux, contenue dans le jus de la betterave? Alors il voit que c'est de *l'alun de betterave*, du sulfate de betterave qu'on introduit dans le commerce. Alors la consommation devient stationnaire ou rétrograde quand la production surabonde en quantité et baisse de prix! Alors aussi, ses organes l'avertissent qu'on a commis une BÉVUE la plus *homicide* qu'il était possible de commettre!

En 1837, a paru le livre du Fabricant de sucre, par *M. Mauny de* MORNAY; à la page 96, on lit : « On reçoit dans des réservoirs, doublés d'une feuil- » le de MÉTAL, le jus produit par la betterave. Pag. 101 : » M. CRESPEL reçoit le jus à défequer dans une chau- » dière contenant 1800 litres, et y verse à froid » 2 *kilo* 50 *déc. d'acide sulfurique*, et jette encore » dans cette même chaudière 4 *kilo de chaux vive* » préalablement éteinte et convertie en bouillie. » Quand le jus est arrivé à 70 degrés de chaleur, on » y mêle une certaine quantité de noir animal et du » sang de bœuf.

« Nous croyons, dit l'auteur, ce procédé aban- » donné partout et n'avons cru devoir le citer que » pour rendre notre travail plus complet. »

L'auteur ne dit pas pourquoi ce procédé qui est de M. ACHARD, *Prussien*, est abandonné. Il ne fait que *croire*, et il en décrit d'autres tout aussi morti- fères qui agissent sur les ustensiles. . . . . . .

95. Ainsi, l'épicier et le négociant qui sont jaloux de mériter la confiance du public, devront donner la préférence aux sucres bruts ou raffinés qui ont été moins tourmentés par *une industrie mal inspirée*. Du

choix intelligent et délicat qu'ils feront des *denrées comestibles* dépend entièrement et leur réputation, et leur honneur, et leur avenir, et le bonheur de la société.

Le sucre de betterave fabriqué à l'aide de l'*acide sulfurique* n'attire point l'humidité de l'air, il fond même très difficilement ; *il est froid,* il occasionne des ardeurs de dents, de la pâleur : la mort avant l'époque fixée par la nature.

96. Le sucre, selon le raffinage actuel, est plutôt *figé* que cristallisé ; en effet, remarquez que l'on ne peut plus les *purger* de toute la mélasse, et que la plus grande masse de pains est livrée sous l'aspect le plus bizarre, le plus bariolé qu'il se soit jamais vu : le cu du pain est blanc et la tête reste *jaune suie.* Il est nécessaire de revenir sur tout cela, si l'on ne veut pas compromettre et la *gloire nationale* et notre commerce à l'étranger.

97. Que dire aussi de ces planchers en zinc sur lesquels coulent les sirops : a-t-on oublié que l'*oxide de zinc* n'est point une substance alimentaire ? A-t-on pu, au mépris des lois de la physiologie et de l'hygiène, se laisser ainsi entrainer dans des innovations éminemment *homicides ?* Tout cela est affligeant, très affligeant ! !

98. Je soutiens, moi, qu'on peut très bien fabriquer le sucre de betterave sans employer d'*acide* et je le démontrerai dans un traité spécial sur cet objet. En attendant, vendons aux insulaires nos vins et nos tissus ; et, en échange, prenons les sucres de l'Inde, ce sont les plus convenables pour la santé. — J'ai cru devoir en avertir.

99. Mais la France, cet empire essentiellement agricole et manufacturier, a-t-elle besoin de *dénaturer*

les productions pour se créer une prospérité? Non, la prospérité, la raison et la France sont une seule et même chose, à part quelques égaremens, quelques faiblesses accidentelles de l'esprit humain.

100. Bien que le sucre en pain soit raffiné, ce raffinage n'est que grossier et superficiel, il faut pour en faire des sirops ou des confitures le *clarifier de nouveau*, le délayer dans un petite quantité d'eau où on aura foueté des blancs d'œufs; le faire bouillir pour coaguler les écumes; le passer à travers un filtre d'étoffe sans le presser; et, enfin, le remettre sur le feu pour atteindre le degré convenable de concentration. Voilà ce qu'on entend par sucre *clarifié* qui sert à beaucoup d'usages.

101. On préfère pour clarifier, employer des *cassonades blondes* parce qu'elles ont été moins *dénaturées* par toutes les surfaces de *cuivre* et de *zinc* sur lesquelles passe et repasse le sucre dans les raffineries.

102. La règle est d'un blanc d'œuf, demi litre d'eau pour un kil. de cassonade à clarifier. Le degré de concentration finale vérifié au pèse-sirop est de 36 à 40 degrés; au-dessous de ce degré le sirop fermente; au-dessus il cristallise. Mais souvent l'œil suffit pour juger de la cuisson du sirop; en cela l'habitude est le grand maître.

103. Quand on veut faire des sirops simples, de ceux qui ne sont pas du domaine exclusif des pharmaciens, comme ceux de gomme, de guimauve, de capillaire, de groseilles, de vinaigre, de mûres, de pomme, d'oranges, de limons, d'orgeat: on fait des dissolutions ou décoctions préalables, et c'est dans ces liquides ainsi préparés et filtrés, qu'on fouette les blancs d'œufs.

104. Maintenant, je dois indiquer les doses qu'il

faut employer pour un kilogramme de cassonade qu'on veut convertir en sirop, et pour chaque sorte de sirop en particulier :

1° De gomme arabique, 4 onces.

2° De racine fraîche et récente de guimauve 8 onces.

3° De capillaire de Montpellier, 4 onces.

4° De jus de groseilles, 8 onces.

5° De vinaigre de vin blanc, 8 onces.

6° De jus de mûres, 8 onces.

7° De fleurs de violettes mondées de leurs calices, 4 onces.

8° De pommes de reinette grises, pellurées, une livre.

9° De jus d'oranges, 12 onces.

10° De jus de citrons ou limons, 8 onces.

11° Pour le sirop d'orgeat, il faut 4 onces d'amandes douces et 4 onces d'orge mondée ou 6 onces d'orge brûte.

Manière d'opérer pour chacun de ces sirops :

105. On concasse la GOMME ARABIQUE pour la laisser fondre à froid dans l'eau où on a déjà fouetté les blancs d'œufs, ayant soin de la remuer très souvent pour activer la dissolution par le *frottement*. Quand elle est entièrement dissoute, on y met la cassonade pour la porter sur un feu de charbon et procéder à à la confection du sirop de gomme.

La gomme rouge est aussi bonne et moins chère que la gomme blanche.

Ce sirop est aujourd'hui le plus employé, mais le sirop de guimauve a des résultats plus prompts et convient généralement mieux à tous les estomacs.

106. Il faut préférer la racine fraîche et récente

de GUIMAUVE, car, celle des boutiques qui est *séchée*,
donnerait bien certainement au sirop un goût de *moisissure* insupportable. On les épluche, on les lave, on
les ratisse, on les écrase à coups de billot, pour en
faire une pâte, sur laquelle on verse de l'eau bouillante : on la fait même bouillir un quart d'heure à
petit feu, et l'on passe à travers un tamis ; on laisse
reposer le sédiment, on décante le liquide pour l'a-
voir clair ; on pèse la dose et l'on ajoute les blancs
d'œufs qu'on fouette avant de mettre la cassonnade.

107. Le CAPILLAIRE de *Montpellier* est une jolie
plante très déliée, qu'il suffit de faire infuser pendant
une heure dans de l'eau bouillante.

108. Le jus de GROSEILLE doit être exprimé et tiré
au clair. Avant d'égrapper les groseilles il faut les
laver. Il faut les égrapper avant de les frisonner sur
le feu avec un peu d'eau afin faire crever les baies
pour rendre leur jus.

109. Le VINAIGRE exige, à cause de son acidité, que
ce sirop soit fait dans un grand poëlon ou bassine en
terre cuite ou en faïence qui ne serve jamais à des
corps gras. Autrement, le cuivre de la bassine serait
vigoureusement travaillé par le vinaigre, ce serait
alors du sirop d'acétate de cuivre, ou vulgairement :
sirop de vert-de-gris.

110. Je vous conseille de ne faire les sirops que
dans des bassines en *terre-cuite* ou de faïence, et
de renoncer à l'usage du cuivre et de tous les métaux autant que faire se peut. Les métaux sont atta-
qués même par l'air, et leur altération cause nos maladies et notre désolation.

111. Les MURES seront épluchées, écrasées et dé-
layées dans de l'eau, avant d'y fouetter les blancs
d'œufs.

112. Les Pommes seront coupées par quartiers, pelurées; on ôtera les pépins et les cloisons; on les
coupera par tranches pour les mettre dans une *eau
froide* que l'on fera bouillir à petit feu; on coule
avec expression à travers un linge. C'est dans ce jus
de pomme qu'on fouette les blancs d'œufs avant d'y
délayer la cassonnade.

113. Avant d'exprimer les *oranges, citrons* ou *limons*, il faut pelurer l'écorce jaune qui renferme
une *essence à pommade* qui gâterait et dénaturerait
le sirop, malgré qu'il y ait des ignorans qui le conseillent.

Après quoi, on sépare les quartiers, on écrase
ces fruits dans un mortier de cristal avec un pilon
de bois pour en exprimer le jus qui servira à la confection des sirops, de la même manière qu'il est dit
ci-dessus pour celui de vinaigre.

Avant d'écraser ces fruits, il faut avoir enlevé
toute l'écorce blanche, avoir séparé les quartiers.

114. Pour le sirop d'Orgeat on pèse 4 onces d'a-
mandes douces qu'on fait tremper dans de l'eau tiède
pour attendrir et renfler l'écorce, on les épluches
et on les pile en pâte en y ajoutant un peu de sucre.

D'autre part, on met l'orge perlée dans l'eau *froide*
pour la faire bouillir une heure, on passe, pour y
fouetter les blancs d'œufs et délayer la cassonade;
ce n'est que quand le sirop est filtré qu'on y délaye la pâte d'amande ci-dessus désignée, et l'on
achève la cuisson au degré convenable.

Ainsi, vous avez remarqué que les amandes ne
vont pas à la clarification ni au filtrage, mais que, au
contraire, elles doivent rester dans le sirop pour le

blanchir le plus possible, parce que cela plait ainsi au consommateur.

115. Les autres sirops que vous jugerez à propos d'établir, vous les ferez d'après les mêmes principes, aux mêmes doses et de la même manière.

116. On donne quelquefois de l'agrément à ces sirops raffraichissans en ajoutant, après qu'il sont faits et refroidis, une once (3 deca.) d'*eau de fleur d'oranger* par kilo de sirop. Cette méthode est très ancienne, je ne la trouve pas du tout conforme aux règles de la physiologie et de l'hygiène. La fleur d'oranger a sur nos organes plus de charmes que de véritable utilité, c'est un diminutif de l'opium qui calme les nerfs, mais qui peu à peu les anéantit pour l'éternité.

117. On a fait publiquement (*Dict. des sciences médicales*) le reproche aux confiseurs et apothicaires de ne pas mettre dans les sirops les substances dont elles portent le nom, et de n'y avoir trouvé que du sucre épuré! rien de plus. Ce reproche est très grave et laisse voir l'état déplorable des mœurs de quelques sales *traficans* qui déshonorent la fabrique. Il faut donc faire une grande attention aux articles qu'on achète tout préparés, et bien connaître la probité éprouvée des préparateurs.

Celui qui tronque les recettes tronque aussi sa recette, son débit et sa réputation : c'est un obscur fripon.

118. Pour faire le sucre candi on le concentre un peu plus que pour le sirop, et on le met refroidir et *cristalliser* dans des jattes de *grès* qu'il faut avoir soin de couvrir pour éviter la poussière.

Mais avant de le verser, il faut avoir tendu dans ces jattes, des fils blancs qu'on fixe avec une solution épaisse de gomme arabique, appliquée sur de petits morceaux de papier. C'est sur ces fils tendus que se cristallisent les plus beaux chapelets de sucre, en outre de ce qui se cristallise plus confusément sur les surfaces de la jatte.

Lorsque au bout de quinze jours la cristallisation est finie on décante le sirop resté liquide, on égoutte et on fait sécher. Dessécher la jattée de candi à l'étuve avant de la séparer. Le sirop sert à d'autres usages.

Mais souvent il est préférable de l'acheter tout fabriqué. Il y en a du roux, du blond et du blanc, ce dernier n'est pas le meilleur comme on pourrait le croire.

119. Pour faire du sucre d'orge on fait, selon les règles de la probité, infuser, puis bouillir 8 onces (25 déca) d'orge commune dans assez d'eau pour un kilo de cassonnade ; on clarifie aux blancs d'œufs, on filtre et l'on cuit encore plus que pour le candi ; on cuit au *grand-boullet*.

Dans cet état de concentration, et tandis qu'il est bouillant, on le verse sur un marbre huilé. Un ouvrier en tire des longueurs qu'il coupe avec des ciseaux et les donne à rouler à quatre ou cinq aides qui se hâtent d'achever l'opération avant que la masse ait pu se refroidir entièrement.

Quand le sucre d'orge est nouvellement fait il est transparent, mais bientôt il perd cette transparence et se ternit. Il faut le conserver en des boîtes de hêtre, garnies de papier blanc et collé. Le déposer dans un lieu sec et chaud.

120. Pour les confitures de groseilles, de cerises et d'abricots, il faut employer, poids égaux, autant de cassonnade que de fruit, et procéder comme pour les sirops mais laissant cuire beaucoup plus ; cuire

jusqu'au grand lisse, c'est-à-dire, que la gelée reste étendue sur le tranchant de l'écumoire. — Avant de couvrir le pot, on arrondit un disque en papier qui doit reposer sur la confiture, pour la garantir de l'action de l'air, on trempe ce disque dans une soucoupe d'esprit de vin, puis aussitôt sur du sucre en poudre, alors on le dépose sur la gelée, après quoi on couvre et l'on ficelle tous les pots. On écrit dessus l'espèce et l'année.

121. Les confitures trop peu cuites se moisissent ; je n'en ai jamais fait ni vu qui aient été trop cuites. Toutefois, on peut les faire recuire de nouveau si elles ne l'ont point été assez lors de la première opération.

122. Pour les MARMELADES D'ABRICOTS et de PRUNES, il est d'usage de laisser dedans le fruit avec le jus, on va même jusqu'à casser les noyaux pour y mettre les amandes aussi.

123. N'y a-t-il pas de quoi s'attrister quand on pense que presque toutes ces préparations séduisantes, intelligentes et universellement utiles, sont plus ou moins *vert-de-grisées, empoisonnées* plus ou moins par les surfaces de cuivre !

O malheureux orgueil, ô infâme vanité, jusques à quand aveuglerez-vous l'homme sur les principes les plus essentiels à sa conservation ?

Que sert à l'homme d'avoir des sciences, si, dans les circonstances les plus décisives, il néglige d'en faire une sage application pour la conservation de la santé de ses semblables et de lui-même ?

124. LA MÉLASSE n'est pas un rebut du sucre, elle est le sucre lui-même passé à un plus grand degré de maturité, qui lui fait perdre la propriété de cristallisation, mais on lui trouve un goût particulier qui

ne se rencontre pas dans le sucre fondu? Cela doit être, puisque c'est un sucre qui a dépassé la maturité ordinaire comme le dépassent tous les fruits; de plus, c'est aussi dans la mélasse que viennent se réunir en grande partie les résidus des *ingrédiens* qu'on emploie pour le raffinage, le décolorage et la cuisson du sucre. C'est pourquoi je conseille de la clarifier avant de la mettre en usage quel que soit l'emploi qu'on en veut faire. La clarification est la même que pour le sucre et pour le miel.

Depuis qu'on fabrique du sucre de betterave, la mélasse est devenue très abondante. Celle de betterave est moins rouge que celle de canne.

125. Le Miel est aussi un sucre végétal, recueilli par les abeilles sur le calice des fleurs. Cette matière sucrée n'ayant pas été soumise aux manipulations mal-entendues des raffineurs, il en résulte que le miel est infiniment supérieur au sucre quand il s'agit de rétablir la santé et de la conserver ; mais il est essentiel qu'il soit extrait de la cire avec discernement et propreté ; qu'il soit conservé dans des pots ou barils *hermétiquement fermés*, dans un magasin sec, à l'exposition nord, et non pas dans une gueule-baie simplement abritée d'une capsule de papier ou de blanc-fer et dans une cave où il attire promptement l'humidité de l'air, se liquéfie, fermente et devient un témoignage évident de négligence. Il ne faut pas croire que le miel fond à la manière du beurre.

126. Le plus souvent on use du miel sans le clarifier, cependant, quand il s'agit d'employer du miel de Bretagne et autres de moindre qualité, il est mieux de le clarifier de la manière que j'ai indiqué pour le sucre.

127. Le miel de Narbonne est le plus fin et le plus blanc ; celui de Normandie est moins blanc, il sucre davantage ; le miel de Bretagne, quand il est parfaitement décoloré et clarifié, peut rendre aussi de grands services pour les boissons et les alimens.

Dès l'instant où le sucre est tombé à des prix très inférieurs à ceux du miel, on a vu les infâmes falsificateurs introduire le sucre dans le miel. Non pas à dessein de le rendre meilleur, mais pour satisfaire leur avarice.

Le miel qui est falsifié de sucre, se reconnait :

1° Au goût du sucre qui domine et anéantit le *mucilage* naturel du miel.

2° A la vue, parce qu'il a moins de consistance et d'onctuosité que le miel naturel.

3° A l'odorat, parce qu'il n'en a plus du tout.

Je le crois aussi plus léger.

128. Pour décolorer le miel, il suffit de mettre 4 onces (12 *déca.*) de noir animal en poudre par kilo avec les blancs d'œufs ; on fait bouillir et l'on filtre avant d'achever la cuisson. On conçoit que, plus le sirop est clair, plus il filtre facilement.

129. Comme il n'y a que très peu d'épiciers qui dépouillent des ruches, j'ai, pour cette édition, renvoyé l'article au *Traité de la cire*, où il est amplement développé.

130. Le miel de Bretagne étant convenablement décoloré et clarifié, on peut faire avec : tous les sirops simples et composés, et ils seront infiniment préférables pour la *santé* à ceux de sucre, à cause des manipulations insalubres que celui-ci subit avant d'arriver au consommateur. Il en résulterait aussi une douceur dans les prix ; au surplus, on peut fabriquer de l'un et de l'autre afin de voir de quel côté

se rangera l'opinion. Je suis persuadé que messieurs les médecins seront de mon avis, en fait d'hygiène, au sujet de la préférence à donner aux sirops simples faits avec du miel.

Quand le miel est trop cuit il se fige et perd alors la qualité de sirop, il n'en est pas moins bon.

131. Le Café est la semence d'un arbre plain-vent qui ressemble beaucoup au cerisier, mais, au centre du fruit, au lieu de noyau ce sont une, deux et quelquefois trois petites fèves enveloppées d'une pellicule qui est recouverte d'une pulpe comme une cerise.

132. Il y a des esprits faux et romanesques, qui pensent que le café gagne en qualité en vieillissant; mais il suffit de réfléchir sur les lois ordinaires de la nature pour comprendre que ce sentiment est absurde.

133. Ainsi, il convient d'accorder la préférence au café de nouvelle récolte, qui est régulier en couleur et en grosseur, qui porte un parfum de génération, parfum unique en son genre. Toute autre odeur décèle une avarie contre laquelle il faut se mettre en garde et ne pas acheter, à moins que ce ne soit comme denrée avariée.

134. *Le café Martinique* est le moins gros et le plus vert.

Le café Bourbon n'est guère plus gros, mais il est un peu jaune.

Le café Guadeloupe est le plus gris, le plus gros, le moins délicat et le moins aromatique.

Le café Moka est le plus rond, le plus petit, le plus jaune et le plus riche en parfums suaves.

135. L'indifférence et peut-être aussi un peu d'ignorance chez beaucoup d'épiciers, sont telles que

des négocians plus instruits, mais peu délicats, se font une règle de *mélanger* quelques bocaux de bon café de nouvelle récolte avec une grande quantité de café de rebut, et de former, par ces adultères amalgames, cette masse immense de café indéterminé, irrégulier, défectueux qu'on expose en vente dans la plupart des magasins.

136. Il faut que la boisson du café, ainsi que les charmes de la sociabilité, aient bien des attraits pour qu'une pareille *incurie* n'ait pas nui davantage à la consommation.

137. Cependant, cette consommation s'accroîtra encore considérablement si le négociant et le détaillant rendent au café *les soins intelligens et hygiéniques que la santé publique réclame impérativement*, sous peine d'improbité.

138. Il est de mon devoir de signaler en quoi consistent ces soins à donner au café. Et d'abord, au débarquement, il est nécessaire d'exposer les colis au grand air et même au soleil pendant trois ou quatre jours pour les purifier de l'atmosphère marine et trop concentrée dans laquelle ils ont voyagé. Ce sera pour cette denrée coloniale l'effet de la *quarantaine sanitaire*.

139. S'il y a parmi le café une grande dépouille de pellicules, il faut le faire vaner. Si l'on y remarque une certaine quantité de grains avariés et d'une nature très inférieure, il convient de les faire trier afin de rehausser et la qualité et le prix de cette denrée.

140. Mais, immédiatement avant de mettre le café dans le cylindre pour le griller, IL FAUT LE LAVER en pleine eau et le bien frotter pour le débarbouiller de toutes les *saletés* et de toutes les *souillures* qu'il

contractées en passant et repassant dans tant de lieux
suspects.

L'eau dans laquelle j'ai lavé du café, était après le
lavage d'une saleté dégoûtante. Si je ne l'avais pas
vu , je n'aurais jamais pu m'en faire une idée. Mais
aussi, le café qui a été ainsi *purifié* avant d'être grillé
est infiniment supérieur en goût et en délicatesse. Il
est aussi moins irr.tant.

Un épicier , un limonadier qui entend bien ses véritables intérêts ne négligera jamais de laver son café
dès qu'il en aura fait une fois l'expérience. L'ignorance et la paresse disent que le feu purifie tout. Le
feu ne purifie point ce qui est mal propre. Il en augmente l'ardeur.

141. Le feu de flammes ne convient pas pour griller le café. Il l'altère toujours. Il vaut mieux mettre
de droite et de gauche dans le fourneau , deux ron-
dins et un peu de charbon ou braise dans le milieu;
par ce moyen on a un feu assez fort et régulier.
Quand on a bien remarqué et réfléchi sur ce qui se
passe pendant le grillage on a moins besoin d'ouvrir
le cylindre pour le connaître , et la vapeur qui s'en
échappe en donne assez d'indications.

142. Quand le café a acquis une belle couleur jaune
noisette foncé ou marron , il est assez grillé : si on le
pousse davantage , il donne une boisson plus noire
et plus rouge mais qui n'a plus *d'arôme* ni de *suavité* :
elle est âcre et irritante. Le café qui sue son huile est
trop brûlé.

143. Le café doit être moulu très fin , et conservé
dans un *seau de faïence* , fermé avec un large bondon en liège très épais. Les caisses de bois et les
caisses de fer-blanc ne conviennent pas.

144. Il faut être passablement stupide , ignorant

et fripon pour falsifier la poudre de café, par des additions *clandestines et frauduleuses.* Jamais un galant homme ne doit s'abaisser jusque-là.

145. C'est une erreur très préjudiciable que de griller pour son *détail* du café *inférieur*, afin d'avoir plus de bénéfice. Le bénéfice réel ne se trouve jamais que dans une vente rapide et considérable, et il n'y a que du café frais, lourd, et de première sorte qui peut soutenir l'appétit et la préférence du consommateur.

Si vos pratiques vous gênent, vendez-leur un repentir vous en serez peu à peu débarrassé.

146. Le thé est un petit feuillage lavé, roulé, séché et aromatisé qui vient de la Chine dans de petites caisses assez bien conditionnées. Il est rare que cette marchandise soit avariée ou falsifiée.

On classe le thé en deux genres : le thé *vert* qui est le plus fin, le plus délicat; et le thé *noir*, qui est plus fort, plus âcre et plus chargé d'aromat.

Le thé se brise très facilement pendant un aussi long trajet; il en résulte une poudre qu'on nomme *grabeau de thé*, qui se vend à bas prix.

Parmi les thés verts, la sorte la plus estimée s'appelle *thé perlé*, parce que, en effet, la feuille est roulée comme un grain de blé.

147. C'est à l'*iris de Florence*, soit en poudre impalpable, soit en tranches très minces, qu'on a recours pour donner aux thés l'odeur qu'on lui trouve, car en effet ce frêle feuillage n'a par lui-même aucune odeur. Ainsi, il est avantageux de mettre dans le fond des boîtes à thé quelques tranches minces de racine d'*iris de Florence* qui se vend chez les épiciers droguistes.

148. Le Cacao est une sorte de *noir* renfermée dans

une coque très mince. C'est le fruit d'un grand arbre des forêts de l'Amérique. Il a de l'analogie avec la noisette, et mérite les mêmes égards, quant à sa nature huileuse et féculente.

149. On distingue le cacao en deux classes, le *caraque* qui est moins gros, moins huileux, mais de meilleur goût ; et le *cacao des îles* qui est toujours plus gros, plus gras et d'un goût moins agréable que le caraque.

150. Il y a bien du choix à faire dans cette denrée, et ce n'est pas exagérer que d'estimer à deux cinquièmes les cacaos de rebut qui sont amalgamés avec les bons.

151. Le chocolatier qui veut acquérir une bonne réputation doit faire trier le cacao, n'employer que les bons fruits, et revendre à tous prix les rebuts. Il se trouvera toujours assez de niais et d'avares qui s'en chargeront.

152. Avant de griller le cacao, il faut le cribler long-temps et fortement pour le purger de la terre et du sable qui y adhèrent par l'effet du *terrage* qu'il a subi après la récolte. Il faut aussi le laver à l'eau fraiche, sans cette précaution le chocolat serait graveleux et malpropre, malgré que la coque n'entre point dans le chocolat, leur contact avec la noix est très fréquent.

153. Chaque sorte de cacao *doit être grillée séparément*, car autrement, l'une est déjà trop avancée que l'autre ne l'est pas encore assez. Le grillage n'est nécessaire que pour gonfler un peu et rompre la coque ; le pousser au-delà, altèrerait la *nature huileuse* de ce fruit. On écosse chaque noix de même qu'on dérobe des fèves.

154. La coque étant bouillie dans de l'eau ou dans du lait fait une boisson assez agréable.

155. Le cacao le plus nouveau, le plus lourd, le plus régulier est celui qui fournira le meilleur chocolat. Je passe de suite à la préparation de cette pâte.

156. Le Chocolat est une conserve sèche, composée avec la noix de cacao, du sucre et quelques aromats broyés ensemble, par ramollissement à l'aide d'une douce chaleur. La chaleur venant à cesser, la pâte du chocolat devient concrète, dure et cassante, c'est là ce qui la rend commode pour aliment pendant les voyages où l'on est privé des douceurs du ménage.

157. Pour débuter dans la fabrication d'une portion de chocolat, il faut commencer par examiner une à une, toutes les noix de cacao qu'on veut employer, mettre à part toutes celles qui portent une défectuosité quelconque.

158. On fait passer la portion dont on a fait choix, sur un crible comme je l'ai dit, on lave bien ce cacao à l'eau froide afin que les *coques*, qui, aussi, seront le chocolat du pauvre, ne lui fassent pas mal au cœur, par l'excès de leur malpropreté. C'est dans cet état qu'on le grille légèrement sur un feu modéré.

159. Quand on emploie deux sortes de cacao, chaque sorte doit être grillée séparément, car autrement, l'une serait déjà trop chauffée, que l'autre ne le serait pas assez, et c'est là un point essentiel de pratique que beaucoup de chocolatiers ignorent.

160. Le cacao étant grillé et écossé, on met les noix dans un mortier pour les piler en pâte. Quand elles sont déjà bien pilées, on ajoute un poids égal

de cassonnade et l'on continue de piler pour rendre le mélange bien régulier.

159. Avant de piler il faut que le mortier ait été chauffé un peu à l'aide de gros charbons allumés, placés dans son intérieur. Il ne faut cependant pas trop pousser cette chaleur afin de ne pas altérer le *beurre* du cacao (c'est le nom qu'on donne à la partie grasse de cette semence). Il s'agit de ramollir et non pas de cuire. Il en est de même à l'égard de la pierre à broyer, le feu qu'on place dessous doit être modéré et régulier.

160. La pâte étant ainsi préparée, il s'agit de la rebroyer de nouveau par petites parties afin que le mélange soit aussi *homogène* que possible. On en met environ une demi-livre sur la pierre, et on la broie avec le rouleau de fer jusqu'à ce qu'elle s'y applique parfaitement bien sans laisser apercevoir les moindres globules. Tel on fait pour broyer de la couleur ou pour rouler de la pâtisserie. A mesure que cette pâte est rebroyée, on la sert dans un poëlon placé sur des cendres chaudes, afin de la maintenir dans son état de ramollissement, et l'on continue de broyer sans désemparer. Quand tout est broyé, on y introduit les aromats en pou're, broyés avec un peu de sucre. Le mélange doit être fait avec intelligence et uniformité. Alors, on fait de petites pelottes qu'on ajuste à la balance, on les applatit pour les placer dans des moules, et on met les moules sur une planche large et longue afin que par des secousses rapides et vivement réitérées, la pâte se trouve tassée dans les moules et très parfaitement *glacée* à la surface. Alors, il faut laisser entièrement refroidir et durcir cette tablette avant de la sortir

du moule pour l'envelopper de papier blanc de belle qualité et collé.

161. Quand on n'a pas encore l'habitude de façonner le chocolat, il ne faut entreprendre que de très petites quantités à-la-fois afin d'être mieux le maître de guider et ses sens et ses mains.

162. L'épicier étant parfaitement libre de fixer les prix de ses chocolats, il semble que les paquets devraient être tous régulièrement au poids *métrique*, non compris l'enveloppe. C'est une infàmie, une impertinence grossière que de présenter aux acheteurs des chocolats à 15 onces à 14 onces, cela est indigne du caractère français.

163. Quant aux *aromats* : un gros de canelle de Ceylan et un demi-gros de vanille par livre de chocolat, sont autant que la nature vive et sensible de nos organes puisse supporter. Mais le véritable *chocolat de santé* ne doit jamais admettre d'aromats afin de justifier son titre.

164. La falsification a toujours eu beau jeu chez certains chocolatiers, l'ignorance d'une part, le manque de conscience de l'autre ont ouvert un vaste champ à leur astuce et à leur empirisme. Il n'y a pas de drogues, il n'y a pas d'immondices qui n'aient trouvées accès chez ces fabricans, qui à dire vrai sont de très audacieux *croques-morts!..* des *empoisonneurs!..* Le nombre des victimes trop confiantes qui tombent sous leurs chocolats *mortifères* est incalculable !.....

165. Cependant, l'appétit du consommateur étant porté à désirer une boisson liée et un peu épaissie, on ne peut regarder comme une fraude l'addition d'un peu de très belle farine de *gruau* (farine de froment) ou de *maïs*, fraiches et récentes dans la confection du chocolat. Avant de l'y introduire, il

faut la faire cuire dans un four immédiatement après qu'on en a ôté le pain. Pour cela, on la met dans des *creusets neufs* qui ne servent qu'à cet usage. La dose de farine peut être portée à une et deux onces par livre de chocolat. On l'introduit avant de broyer sur la pierre. Tout autre mélange serait un adultère, un attentat punissable devant les tribunaux s'il était facile d'exposer, de produire les preuves.

166. On met le chocolat en pastilles. On le coule aussi dans des moules à figures en plâtre.

167. Il est contraire à la santé d'envelopper le chocolat dans des feuilles *d'étain*, et j'aurai les considérations les plus sévères à porter sur les ustensiles dans la cinquième partie de cet ouvrage, au sujet du chocolat.

168. La Réglisse est une racine dont la culture est facile et productive. L'Espagne en fournit beaucoup. La meilleure est celle qui offre peu de bois au centre mais plutôt une chair féculente, molle et très sucrée. Il faut beaucoup d'art et d'intelligence pour la conserver fraîche sans qu'elle moisisse, et pour l'empêcher de se dessécher. Il en faut aussi pour procéder à sa dessication vive et prompte afin de la conserver dans la suite sans altération. C'est un article qui exige une surveillance suivie et dont il faut constater le déchet. Quelquefois on profite de ce qu'elle est encore verte pour l'écraser à coups de billot, afin que, dans la suite, elle rende plus facilement son suc dans les infusions.

169. De la décoction de cette racine, convenablement concentrée, on fait un extrait qui porte le nom de JUS DE RÉGLISSE, en y ajoutant un dixième de *gomme arabique*.

170. La Calabre et tout le royaume de Naples

sont en possession de fabriques de ce jus de réglisse, qui pourtant pourrait aussi bien se faire à Paris que le sucre de betterave.

171. D'autres industriels refondent ce jus de réglisse pour y ajouter une très forte dose d'anis, le forment en petits bâtons moins gros qu'une plume, ou le coupent en petits grains. C'est ce qu'on appelle *suc de réglisse anisé*.

172. La COLLE DE POISSON est le produit de la cuisson des *intestins* de l'esturgeon et de quelques autres poissons. On s'en sert pour clarifier les liqueurs en tonneaux, le vin blanc, la bière, le café. Elle sert aussi dans les arts et métiers. On la roule en petits et en gros cordons, ou bien on la laisse en larges feuillets.

Pour la dissoudre on frappe sur le cornet afin de le disloquer, puis on met les fragmens, coupés en lanières avec des ciseaux, infuser dans de l'eau afin de les faire détendre et renfler. Le lendemain on la porte bouillir et fondre dans peu d'eau, puis, quand elle est refroidie, on ajoute du vin blanc pour la conserver en bouteilles qui bouchent bien. Le vin blanc s'oppose à la fermentation putride. La dose pour une feuillette de vin blanc de 140 litres est d'une demi once de colle de poisson concrète. Il en faut infiniment peu pour clarifier le café : 18 grains pour un litre de cette boisson.

173. On prétend aujourd'hui que la *colle forte* à laquelle on donne le nom de *Gélatine*, peut, dans toutes ces circonstances, remplacer la colle de poisson. On va même jusqu'à soutenir qu'une dissolution de colle forte convenablement salée, aromatisée, peut remplacer le bouillon de viande : Il serait fâcheux que les aubergistes, les maîtres d'hotels, les restau-

rateurs se laissassent convaincre par cet e pitoyable éloquence. *Où va se perdre ce pauvre esprit!*

174. Le Raisin que l'epicier achète est un fruit qui, après avoir été plongé dans une lessive de cen dre est mis sécher le plus rapidement possible, puis encaissé. L'essentiel est qu'il ne soit pas trop désséché, car alors il ne contient que la pelure et les pépins. Il ne faut pas non plus qu'il soit humide et moisi, ni qu'il ait le goût aigre.

175. La vente doit en être effectuée dans les 6 mois d'hiver. Ce qui reste d'une année sur l'autre est à-peu-près perdu. Cependant, on le vend encore à ceux qui le font infuser dans de l'eau pour en faire une boisson qui, réellement, est agréable et séduisante. Une livre de ce raisin sec donne 4 litres de bon vin. Il suffit de le laver et de le faire infuser pendant deux jours en été et trois jours en hiver. Il dégage autant et plus d'acide carbonite que le vin de Champagne.

176. Outre ces raisains de caisse, il y a une autre variété qu'on appelle Raisins de Corinthe, qui vient de l'Egypte, par les ports de Marseille et de Venise ; celui-ci est égrappé, il est très petit et n'est employé que dans certaines pâtisseries, dans certains ragoûts ; son goût est fin, délicat.

177. Le Pruneau est un article formidable chez l'épicier, parce qu'il y en a de forts gros pour le riche et de très maigres pour le pauvre. Ceux-ci n'ont souvent que la peau étendue sur le noyau. On compte plus de 12 variétés de pruneaux secs qui, chaque année, sont introduites dans le commerce ; l'essentiel est de conserver leur souplesse et leur fraîcheur, de ne pas les laisser inconsidérément exposées aux injures de l'air et de la poussière. Quand

ils sont par trop desséchés , on peut les humecter avec discrétion pour les ramollir. On met les beaux , comme les prunes de sainte catherine , en corbeilles ou en caisses. Les moindres sont expédiés par tonneaux.

178. La FIGUE, est aussi un fruit sec que les départemens du Var et des Bouches-du-Rhône, expédient dans toute l'Europe et même en Amérique. On distingue la *figue blanche* , dont il se fait une assez grande consommation pour les desserts et la *figue grasse* ou *violette* , qui n'est guère réclamée que par les pharmaciens, pour en faire des gargarismes , pour soulager dans les maux de gorge et dans les fluxions de la bouche.

Les figues sont en général d'une garde assez facile et peu altérables. On les débite en petit , dans tout le cours de l'année. Elle sont ou en caisse ou en cabats. Les plus belles sont en boîte d'un kilo.

179. La POMME DE REINETTE blanche, après avoir été pelurée , séchée , pressée , est aussi introduite chez l'épicier, sous le nom de pomme tapée. Il s'en vend peu , parce qu'on tient toujours cher sans qu'on puisse en dire la raison.

180. On fait aussi subir les mêmes préparations à la poire de Beurré dont on fait la POIRE TAPÉE. Ces deux fruits se vendent par corbeilles ou par caissetins.

181. Il est des contrées où l'on coupe les pommes communes par rouelles , sans les avoir pelurées ; on fait sécher promptement dans un four modérément chauffé, et l'on vend ces fruits par sachées, pour faire infuser dans de l'eau et faire du *cidre*, comme je l'ai dit à l'article raisin. L'essentiel est de bien laver ces fruits avant de les faire infuser , et de ne les

faire infuser que dans de l'eau filtrée ou au moins claire et limpide. Il y en a qui ajoutent à ces boissons du miel ou de la mélasse. Cependant, de l'eau sucrée n'est pas du cidre ni même du vin. Il en est d'autres plus mal intentionnés, qui y versent quelques gouttes d'acide sulfurique pour simuler l'acidité du fruit.

182. La Cerise vient aussi se ranger dans notre commerce, mais c'est pour y être infusée dans un bocal d'eau-de-vie ou bien pour être confite dans le sucre bouillant. La cerise cède son jus à l'eau-de-vie et l'affaiblit, et elle s'empare de la portion la plus spiritueuse de l'eau-de-vie. C'est pourquoi l'eau-de-vie pour infuser les cerises doit avoir de 21 à 23 degrés. On ajoute, par litre d'eau-de-vie, quatre onces de sucre clarifié et un gros de canelle de chine en poudre. Il est très essentiel de boucher, de bondonner très artistement l'ouverture du bocal afin de conserver l'arôme et le spiritueux de cette conserve. Pour cela, il faut un bocal de verre épais et garni d'une bague à l'intérieur du col, afin d'étrangler le bondon. Il est mieux aussi de subdiviser par petits bocaux qui sont alors moins long-temps en vidange. Ce n'est que la belle cerise acide, à courte queue (*cerise de Montmorency*), qu'on infuse et que l'on confit.

On peut aussi n'y pas mettre de sucre. On coupe avec des ciseaux les trois quarts de la queue. Après 15 jours d'infusion on ôte les cerises pour filtrer ce jus. Puis on les réintroduit aussitôt après. Cela se vend au litre.

183. L'Aveline est une fort belle noisette, la plus grosse et qui, le plus souvent, est enveloppée d'une pellicule rouge vermeille. Elle entre dans la composition des quatre mendians.

184. L'Amande, fruit annuel de l'amandier, se

divise en 2 classes : l'amande amère et l'amande douce. Ce n'est que cette dernière qui est demandée
dans l'épicerie. Il y a parmi celle-ci une variété que
l'on débite avec la coque sous le nom *d'Amandes
princesses* ou amandes en coques.

185. L'Amande doit être grosse, bien nourrie, de
bon goût, sèche et cassante. Celle qui est trop petite,
maigre, âcre, humide ou coriace doit être rejetée
comme étant mal saine. C'est un fruit qu'il faut aussi
renouveller régulièrement chaque année. Quand
vient le retour des nouveaux arrivages, on doit vendre à tout prix ce qui reste, pour n'avoir que des
amandes fraîches.

186. On peut cependant piler ces restes pour en
faire de la pâte d'amande pour la toilette et non pas
pour en extraire l'huile, car alors elles n'en contiennent presque plus. Dans cette pâte d'amande, on
introduit dix pour cent de pain pilé ; elle en est
plus estimée.

187. L'ORANGE est un des plus beaux fruits de la
nature. Elle arrive à Paris par petites caisses, chaque
fruit est enveloppé séparément dans une feuille de
papier mollet, qui sert très bien à empêcher le frois-
sement pendant 200 ou 300 lieues de trajet pour ve-
nir de l'Espagne, du Portugal, de Malte ou de la
Provence.

La caisse contient ordinairement 240 à 360 oranges.
Voyez citrons, au n° 43.

Les oranges de *Valence* sont les plus douces et les
plus juteuses. Celles de Provence sont plus petites,
plus acides et moins en couleur.

188. On recueille aussi la fleur de l'oranger pour
la distiller et faire L'EAU DE FLEUR D'ORANGE double et
triple, dont l'usage est infiniment étendu pour les

alimens, pour les desserts, pour la toilette, pour les médicamens. Cette eau distillée se distingue par une *amertume très austère* et même *désagréable*, ce n'est que pour son *parfum*, qu'on la recherche. Ce parfum y est inépuisable et se subdivise à l'infini comme dans un grand nombre d'aromats.

189. Pourquoi faut-il que ce soit moi le premier, qui ait récriminé contre l'*homicide* méthode de renfermer et conserver l'eau de fleur d'oranger dans un chaudron de *cuivre* qu'on appelle *stagnon*? Est-ce que le *vert-de-gris* est indispensable pour conserver ce liquide? C'est là un point très important de *salubrité publique* et *d'hygiène* que j'ai l'honneur de soumettre à l'examen réfléchi des CORPS SAVANS et des CONSEILS DE SALUBRITÉ. Jamais à aucune époque on n'a poussé l'imprudence à un degré aussi outre que dans l'emploi des surfaces de cuivre et autres métaux en contact immédiat avec des substances *alimentaires*.

Je le répète :

— Le règne minéral est le tombeau de la nature !

190. Mais l'expérience journalière prouve que les eaux distillées peuvent être très bien conservées dans des bouteilles et des flacons de verre ou de cristal et même dans du grès.

Il me paraît nécessaire que le gouvernement interdise l'usage des *stagnons de métal* et de quelques autres bouteilles et dame-jeannes en cuivre étamés, nouvellement introduites chez les distillateurs et liquoristes.

191. Quoique ce soit la fleur qui est distillée pour faire cette eau aromatique, il ne faut pas douter qu'on fait distiller aussi des feuilles de ce même arbre et qu'elles donnent une eau qui n'est pas dépourvue de mérite. Je m'en suis assuré plusieurs fois.

192. La Fécule que débite l'épicier est tirée de la *pomme de terre* par râpure et lavage. Cette fécule, délayée dans l'eau froide et versée dans un liquide bouillant se prend aussitôt en gelée qui a le goût sucré ; elle s'altère peu ; cependant la plus fraîche est toujours préférable. On la vend par paquets de 4, de 8 et de 16 onces, ou bien en vrague.

193. Le Gruau est un grain d'avoine dont on a enlevé l'écorce au moyen d'une machine à râpe. C'est dans la *Bretagne* qu'on prépare le plus beau. Étant cuit dans du bouillon ou dans du lait, c'est un aliment fortifiant.

194. L'orge mondée a été soumise au même pelurage que l'avoine et on l'emploie à faire de la tisanne rafraîchissante contre l'irritation de la poitrine, en l'édulcorant avec du miel qui est toujours préférable au sucre, ainsi que je l'ai déjà dit.

195. Mais on râpe encore davantage le grain d'orge, on l'arrondit pour obtenir l'orge perlé. celle-ci est moins amère, plus mucilagineuse et plus agréable à manger et à faire de la tisanne calmante.

196. Il est essentiel de renouveler toutes ces semences chaque année. L'épicier doit être exact à opérer consciencieusement ce renouvellement annuel.

197. La Semouille est une variété du vermicel qu'on a mis en poudre grossière pour faire des potages. Il faut la choisir blanche et un peu transparente.

198. Le Vermicel est une pâte de farine disposée par filets, au moyen d'une trémie en *cuivre*, très épaisse, à travers laquelle on l'a forcé de passer au moyen d'une presse des plus puissantes. La beauté du vermicel vient de la beauté de la farine et de la

propreté de l'eau. Les cordons sont de diverses grosseurs. On lui donne aussi différentes teintes à l'aide d'une infusion de safran bâtard. Le débit de cet article est toujours assuré. On doit le livrer tare nette.

199. Le riz est une semence de la nature du froment, mais dont l'écorce n'y est point adhérente. Le grain est nu, transparent comme du verre. Il y a le riz de la *Caroline* qui est le plus transparent, le plus allongé et le plus délicat. Celui qu'on cultive dans les plaines du *Piémont*, de l'Italie et de Naples est plus opaque, plus gros et plus farineux. Tous deux sont des alimens utiles, recherchés, ils sont un des bienfaits de la providence pour substanter l'immense famille des enfans d'Adam.

200. Plusieurs semences étrangères se trouvent dans le riz. On est dans l'usage de l'éplucher avant de le vendre; c'est un ouvrage qu'il faut faire à l'avance. Quand le riz est trop vieux, il est attaqué par les mittes, qui le rongent et le salissent de leurs excrémens. Alors, c'est un aliment malfaisant.

Le tonneau de riz est du poids de 5 à 600 livres (300 kilo).

201. Le Cachou est un suc gommo-résineux d'un roux noirâtre sans odeur, on le retire du fruit d'une espèce de *palmier*, on le concentre à-peu-près comme le jus de réglisse pour en faire des pastilles à l'aide de la gomme adraganthe.

202. Le salep est le produit de la racine d'une plante cultivée en grand dans la Perse.

Ses propriétés sont imaginaires comme celles du sagou, du tapioca, etc.

203. Le sagou est la moëlle d'un palmier. Cette substance subit quelques préparations qui en déna-

turent totalement les vertus pour ne lui laisser que des propriétés supposées.

204. LES BISCUITS de Rheims se vendent à Paris à la *grosse* de 12 douzaines. Il y en a des petits de première et seconde qualités et des grands de première qualité. On vend aussi des nonettes au citron et à l'anis également à la grosse.

205. LE VIN, jus du fruit de la vigne est aussi un article de *comestible* dont l'épicier s'empare quelquefois avec avantage à cause de la facilité de ses relations. Mais cet article exige beaucoup de discernement, de goût et de vigilance, non-seulement pour le choix qui doit être fait avec connaissance de cause, mais encore pour la gouverne et la conservation d'un liquide des plus assujétis au dépérissement. En effet, la moindre négligence, la moindre bévue est souvent la cause de la perte totale d'une pièce de vin.

206. Pour bien conserver le vin en cercles, il faut que la futaille soit pleine; à dire un demi pouce; que la bonde garnie de linge fin et très propre, soit complètement enfoncée et serrée; que cette même bonde soit constamment baignée sous le vin pour éviter sa dessication et l'entrée de l'air. Pour cela, on la tourne un peu sur le côté. C'est ce qu'on appelle mettre la bonde *en congé*. Il faut tous les mois ou tous les deux mois au temps de la *pleine lune*, lever la bonde et remplir la futaille de ce qu'elle aura frayée et la reboucher aussitôt comme dessus. Pour ce remplissage on se sert de meilleur vin s'il se peut, car un vin de nature inférieure ferait aigrir celui de la pièce. C'est ordinairement du vin en bouteilles dont je me sers pour remplir mes fûts.

207. Il faut de temps à autre déguster ces vins, afin d'aviser à ce qu'il convient d'y faire.

208. Le vin est sujet à plusieurs maladies telles que le *gras* et l'*aigreur*. Pour celui qui devient gras et filant. il faut en ôter un ou deux brocs pour y introduire de l'air et rouler pendant un quart d'heure : l'oxigène de l'air détruit le muqueux. Le vin est réparé. Il faut remettre les deux brocs qu'on avait ôté. Mais ce vin n'est plus de garde ; il convient de le coller, le soutirer en bouteilles et le livrer sans autre retard à la consommation.

209. Quant à celui qui tourne à l'acide, ou peut neutraliser cette acidité naissante en faisant entrer six coquilles d'œufs lavée, séchées et mises en poudre. On profite de cette même occasion pour le coller ; et cinq à six jours après le soutirer en bouteilles pour la plus prochaine consommation.

210. J'ai déjà dit, que, pour coller le vin blanc, on se servait de colle de poisson, v. art. 172. On colle le vin rouge avec des glaires d'œufs, fouettés dans un litre d'eau ; avant d'introduire la collature, on agite le vin avec une latte ; ou l'agite encore après et l'on ferme régulièrement la bonde, sans la mettre en congé.

211. Il ne faut pas rouler les pièces de vin sans nécessité, même quand on mêle, parce qu'une masse de lies grossières est déposée au fond et qu'il vaut mieux la laisser en repos que de la redélayer dans le vin.

212. Aussitôt qu'une pièce de vin est soutirée, il faut en ôter la lie, la filtrer sur-le-champ à travers un papier ou une futaine ; il faut rincer vigoureusement la futaille pour déduire tout le *tartre*, la rincer une seconde, une troisième fois, la faire égoutter, sécher et la rebondonner régulièrement après. Avec ces pré-

cautions on aura des fûts frais et récents , toujours prêts à servir sans danger aux transvasions et soutirages.

213. Avant de confier le vin aux bouteilles , il faut que celles-ci aient été lavées et rincées une à une ; si elles ont déjà servi il faut les passer au plomb et les égoutter.

214. Les bouchons doivent être de bon liège , le moins poreux. Des bouchons fins de première qualité. N'avoir jamais servi. Le bouchon qui sert une seconde fois, apporte avec lui un *levain d'acidité* qui fermente dans la bouteille; de là cette variété infinie qu'on remarque dans la plupart des vins en bouteilles, gouvernés avec négligence.

215. Avant d'employer les bouchons il faut les presser sur le côté en les roullant sous un billot de bois sur lequel on appuie lourdement afin de rompre la fibre végétale et les rendre beaucoup plus élastique, et, par conséquent , plus propres à boucher hermétiquement. Quand les bouchons sont roulés il faut les laver en pleine eau pour ôter l'espèce de résine poudreuse qui sort des pores du liège ; on vend à Paris des pinces *machelière* pour amollir les bouchons.

216. Le bouchon doit entrer à peine dans le goulot; alors , avec une tapette de bois on le force d'entrer jusqu'aux deux tiers. Quelquefois on coupe le surplus du liège et l'on trempe le bout du goulot dans de la cire à bouteille fondue, puis on y applique son cachet.

217. On couche les bouteilles , en les garnissant de lattes et de sable argilleux : sable fin sans gravier.

218. Voilà ce qui peut s'appeller conduire sa cave avec discernement, avec vigilance , avec probité.

219. Il est mieux de vendre le vin en nature pour chaque espèce ; cependant , on peut aussi avec quel-

ques avantages unir plusieurs parties de vins différens pour en créer un *mixte* qui sera encore très bon,
si l'association a été bien raisonnée.

220. J'ai vendu beaucoup de ces vins mixtes, en
gros, que je livrais à des consommateurs bons gour-
mets qui en ont toujours été satisfaits ; voici comment
je faisais mes coupes :
Pour , une feuillette de bourgogne , seconde qualité.
    Vin d'Orléans , douze veltes ;
    Vin de Champagne , quatre veltes;
    Vin de Roussillon , deux veltes.
Pour une feuillette de bourgogne, première qualité.
    Vin de Mâcon , douze veltes ;
    Vin de Champagne, trois veltes ;
    Vin de Bordeaux , trois veltes.
Aussitôt que ces mélanges sont faits , il faut les
coller , et 8 jours après les soutirer en bouteilles.
Autrement il n'est pas nécessaire de les coller.

221. Le collage donne à tous les vins une plus valeur de dix pour cent. Il les rend infiniment plus délicats et surtout plus propres à la conservation de la
santé ; car c'est le tartre du vin qui engendre la
gravelle, la goutte et d'autres maladies par congestion.

C'est vers les quatre derniers jours de la lune que l'on
colle le vin ; et c'est au quatrième jour du premier
quartier qu'on le soutire en bouteilles.

Plus tard , je publierai un traité tout exprès sur la
fabrication et le commerce des vins. C'est chez le vi-
gneron que j'irai puiser mes inspirations les plus
ingénieuses.

222. On vend les vins de liqueur en nature , tels
qu'on les achète , chez les négocians de probité.
On doit les tenir couchés. Cette règle est générale

pour tous les vins. Les plus estimées sont ceux de
Muscat, Madère, Malaga, Chypres.

Je ne parlerai pas des vins *factices*. Je profanerais
ma plume et craindrais de manquer de respect envers mes lecteurs qui, je pense bien, ne sont guère
portés pour le factice dans aucun genre.

223. L'eau-de-vie est la portion la plus volatile,
la plus spiritueuse et la plus inflammable qu'on extrait
du vin par le moyen de la distillation dans des vaisseaux clos en cuivre, dont la réunion forme un
alambic. Il y a de l'eau-de-vie à différens degrés de
concentration, depuis 18 jusqu'à 36 degrés. Après
28 degrés on l'appelle esprit, à cause de son exces-
sive pénétration. Le terme le plus ordinaire pour la
boisson est de 18, 19, 20 degrés. Ces degrés se con-
statent au *pèse-liqueur* qui sert à marquer la *raré-
faction* du liquide. L'échelle écrite en est disposée à
l'inverse de celle du pèse-sirop ou pèse-acide. Pour
constater le degré de l'eau-de-vie il faut avoir égard
à la température de ce liquide. Le terme régulier est
10 degrés ou le tempéré. Cinq degrés de chaleur en
sus ou en moins équivalent à un degré pour l'eau-
de-vie.

224. L'eau-de-vie s'évapore beaucoup à travers le
bois de la pipe, et occasionne des manquans dont il
faut se souvenir pour en fixer le prix. Il est bien
aussi, pour cela, de l'emmagasiner dans un lieu peu
spacieux et où l'air a peu de circulation. Cependant
une cave ne convient pas. Il vaut mieux un cellier
voûté en pierre ou en brique. Toutefois, l'eau-de-vie
n'est pas sujette à autant d'avaries que le vin.

225. Les esprits de Montpellier, et les eaux-de-vie
de la Rochelle, de Cognac ont besoin d'être mouillées
d'eau pour les abaisser au degré convenable pour

en faire une boisson. L'eau de puits qui est la plus limpide est aussi celle qui abat le plus le degré parce qu'elle est la plus dense. Celle de rivière est déjà plus convenable. Elle est plus douce, mais chargée de beaucoup de corpuscules étrangers dont il faut la débarasser par la filtration dans un filtre continue, garni de sablon et de charbon de bois pilé. Autrement ces corpuscules se décomposent dans l'eau-de-vie et la rendent louche. L'eau de pluie ou de goutière, quand on peut s'en procurer, est encore préférable, parce qu'elle est plus douce et plus légère que celle de rivière. Mais il faut également la faire passer par le filtre épurateur.

226. C'était ainsi que je coupais mes eaux-de-vie, lorsque le sens et la réflexion me firent trouver dans cette boisson un goût âcre et très austère que j'attribuai avec justesse à l'action chimique des surfaces de *cuivre* violemment chauffée. Je conçus alors l'idée de neutraliser cet *oxide de cuivre*, en même temps que je purifierais sans la filtrer, une grande masse d'eau de pluie. Pour cet effet, je fis placer des goutières à toutes les parties de ma maison qui est très spacieuse et des pipes défoncées d'un bout, pour recevoir l'eau. Je faisais passer cette eau pluviale dans d'autres pipes au magasin. Pipes également défoncées d'un bout et posées sur chantiers. La pipe de 5 à 6 cents litres étant presque pleine j'éteignais 4 livres ou deux kilo de chaux vive dans un grand vase et je jetais ce lait de chaux dedans. Le lendemain avec un rabot, je faisais remonter la chaux dans l'eau pour l'éclaircir encore. Le surlendemain même mélange, afin d'empâter et de détruire tous les animalcules dont l'eau est pour l'ordinaire surchargée, et pour saturer l'eau des principes

salins de la chaux : qui devaient précipiter les oxides de cuivre suspendus dans l'eau-de-vie en se
combinant avec eux. Ce procédé m'a donné de l'eau-
de-vie plus douce, plus limpide et plus agréable au
goût des buveurs.

227. Dans l'Art du Distillateur, en deux volumes,
par Dubuisson, on lit : t. 1 p. 6. «Si l'on néglige de ra-
» fraichir l'alambic, l'eau-de-vie prend un goût de
» cuivre. P. 16 : Presque aucun bruleur ne font éta-
» mer leur alambic : Le fond de leurs chaudières est
» recouvert d'une couche de vinasse brûlée qui, de
» concert avec le vert-de-gris, concourt à donner le
» goût âcre, mordant et quelquefois empircumatique
» qui caractérise la plupart des eaux-de-vie.

228. Tome 2, p. 5 : Pour fabriquer le vin de
cerise, il conseille de se servir d'une cuiller de bois
pour remuer. Page 68 : Pour préparer la boisson
de café, il propose encore la cuiller de bois. T. 1.
page 72, il raconte ce qui se passait lors de l'introduction du café en France : on se servait de vase de
cuivre, d'airain et de fer-blanc, mais aussi d'une
spatule en bois de chêne. Tout cela prouve que nos
ancêtres entrevoyaient *l'action chimique des ustensile*, mais ne la connaissaient pas.

229. Ce pauvre M. Dubuisson conseille sagement
un rouleau de *buis* pour rompre la coque du cacao,
et aussitôt il préfère un mortier fait de la matière
des cloches, parce que, dit-il, celui de fer communi-
querait un mauvais goût au chocolat.

Si l'on remarque quelques erreurs, quelques inu-
tilités dans l'ouvrage de Dubuisson, il n'en est
pas moins vrai que c'est un des plus sagement
écrit. Il est en distillation ce qu'est BEAUMÉ

en pharmacie : Je le relis souvent. Mais revenons à nos eaux-de-vie.

230. Je mets le caramel délayé par avance dans un broc d'eau-de-vie, après que la coupe est faite et que l'eau de chaux a eu le temps et l'aisance de combattre le *cuivre*. Autrement, le caramel serait détruit dans la futaille : il faudrait recolorer une seconde fois. Après que ce mélange et cette coloration sont opérés, on laisse reposer l'eau-de-vie pendant quatre à cinq jours et plus pour l'avoir d'une limpidité parfaite.

231. L'eau de chaux n'est pas contraire à la santé, la preuve c'est que les raffineurs de sucre l'emploient, et que les médecins la conseille contre les aigreurs de l'estomac.

232. Le même marc de chaux peut encore servir à préparer une seconde pipe d'eau. Quand on met de l'eau dans le vin pour en diminuer le prix , celle de chaux est préférable ; elle l'adoucit beaucoup, parce qu'elle enchaîne l'acidité.

233. Un mélange de parties égales des eaux-de-vie d'Orléans, de Montpellier et de la Rochelle, dont le degré sera régularisé par de l'eau de chaux, donnera toujours une boisson très appétissante.

234. Il y a des distillateurs qui font bouillir l'eau avant de la faire servir à la coupe. Cette méthode est assez bonne, mais elle ne détruit pas *l'âcreté cuivreuse* qui est inhérente à tous les produits distillés dans du cuivre. Aussi, voyez la couleur pâle et blême du visage d'un IVROGNE, elle vous dira *les effets du cuivre !*

235. D'autres se servent d'une forte infusion de *thé* et d'un peu de mélasse ; c'est assez l'habitude à Paris,

qui est la ville ou où débite l'eau-de-vie la plus fade
que je connaisse.

236. Le caramel de mélasse rend aussi un grand
service à l'eau-de-vie, et calme un peu l'ardeur dé-
vorante qu'elle exerce sur les entrailles du malheureux passionné pour cette boisson.

237. Il y a tout à gagner, sous tous les rapports,
à soutirer l'eau-de-vie en bouteilles quand une fois
elle est parfaitement claire et limpide, surtout pour
les eaux-de-vie fines et vieilles de Cognac qui sont
celles par excellence. Celle dont j'ai indiqué le mélange en approche de beaucoup, pour le goût.

Dans toute la France, excepté Paris, les vins, les
eaux-de-vie et les liqueurs sont soumis à l'exercice
de messieurs les commis des CONTRIBUTIONS *indirectes*
et aux droits perçus par le gouvernement, en vertu
de la loi. Il est donc d'une sage politique, d'agir avec
ces messieurs en toute franchise, en toute sincérité,
en toute probité, afin de conserver toujours la bonne
harmonie, et d'éviter le scandale des procès. Le
débitant a toujours besoin d'un peu de liberté pour
opérer ses coupes et ses mélanges en temps oportun;
alors, pour obtenir cette liberté d'action, il faut bien
la mériter en persuadant de sa fidélité, et l'on ne
persuade jamais mieux les autres que quand on est
persuadé soi-même.

Je crois qu'il est aussi, réciproquement avantageux, de souscrire un abonnement avec l'adminis-
tration.

On fait encore de l'eau-de-vie de grain et de
pommes de terre, mais elle sont de beaucoup inférieures à celle qu'on retire de vin.

238. Le RHUM (on prononce *rom*) est une eau-de-
vie de sucre fermenté. Il s'en fait une consommation

considérable ; celui de la Jamaïque est le plus estimé. Ce nom sert de passeport à plusieurs autres.

239. Le Kirchewasser est une eau-de-vie de *me-rises*, petites cerises sauvages qui abondent dans la *Forêt Noire*. C'est, je pense, la meilleure des eaux-de-vie. On ne lui ajoute jamais de couleur ni aucune autre association. La bouteille de *kirschwasser* contient au plus trois quarts de litre. La Suisse est en possession, presque exclusive, pour cette fabrication ainsi que pour le fromage de Gruyère.

240. Le SCHNAPS, ou eau-de-vie de pommes de terre, est en vogue dans toute l'Allemagne ; nous nous en sommes agréablement régalés, au dejeuner surtout, lorsque dans la garde impériale, nous avons visité deux fois ces peuples hospitaliers, patiens et laborieux. Mille fois heureux, me suis-je dit, les princes qui gouvernent des peuples aussi fidèles que constans dans leurs affections.

Le *Schnaps* a un peu d'amertume qui provoque le sommeil. On ne l'élève guère au-delà de 18 degrés. Point de caramel.

241. ABSINTHE ; plante aromatique, amère, d'un vert blanchâtre. On distille cette plante avec de l'eau-de-vie. Le produit n'a point de couleur ; il y a beaucoup de distillateurs qui colorent en vert la liqueur d'absinthe, au moyen du suc d'épinard. D'autres emploient le *terra mérita* et le tournesol ou l'indigo. Il est moins dangereux de ne la pas colorer. On ne doit distiller que les feuilles mondées et lavées ; il en faut quatre onces (12 déca.) par litre d'eau-de-vie. On fait du vin d'absinthe qui est préférable : on met 4 onces de feuilles de cette plante, infuser dans un litre de vin blanc pendant deux jours, on soutire à clair deux fois ; on le conserve à la cave bien bouché et couché. La dose est d'un verre à jeun, le matin.

Ce vin fortifie l'estomac , fait circuler le sang et relève l'appétit.

242. L'Hydromel (l'étymologie veut dire eau de miel) est aussi une boisson fermentée mais non pas distillée. Il suffit de faire bouillir du miel dans de l'eau, de l'aromatiser avec un peu de genièvre, de piment et de canelle. On le met fermenter dans un tonneau pour le soutirer aussitôt après en bouteilles. Les doses sont arbitraires.

Cependant voici un exemple :

  Miel de Bretagne clarifié, dix livres ,
  Génievre pillé, une livre,
  Piment en poudre , deux onces ,
  Gingembre pilé , deux onces ,
  Canelle en poudre , une once ;
  Eau 40 litres (*pintes*) ou 80 livres.

243. Les Liqueurs de table sont de trop séduisantes boissons composées d'eau-de-vie, de principes extractifs des végétaux et de sucre. On les divise en trois classes : les *ratafiats*, les *crèmes* et les *huiles*. Dans le ratafiat c'est l'eau-de-vie qui doit dominer sur les autres parties ; dans les crêmes ce sont les arômes qui ont la prééminence , et dans l'huile c'est la haute dose du sucre qui éclipse en quelque sorte la présence de l'eau-de-vie et des parfums.

244. Ces principes une fois posés , ce sera le palais dégustateur de l'épicier qui sera le souverain arbitre de nos jouissances en ce genre. Je tiens de mon expérience , que, pour chaque litre d'eau-de-vie à 22 degrés , il faut :

  Pour le ratafiat , deux onces de sucre ,
  Pour la crème , trois onces,
  Pour l'huile, quatre à six onces.

Mais à présent, que le sucre de betterave est moins

corsé que le sucre de canne, il faudrait augmenter ces doses d'un quart en sus. Ainsi, ce serait 3 onces pour les ratafiats, 5 onces pour les crêmes et 6 onces pour les huiles.

245. Rien de plus arbitraire, rien de plus mal raisonnée que les ouvrages publiés sur les liqueurs; on y affaiblit l'eau-de-vie en infusant inutilement des *Marc inerts* : quand il suffirait d'en extraire préalablement le suc.

246. **Tous** les bons auteurs se sont accordés pour blâmer la méthode de faire des liqueurs de table par l'emploi des *essences*. En effet, ces essences qui n'ont d'utilité que pour parfumer la *pommade*, portent dans nos organes le *feu*, *l'aspérité* et la *confusion* qui les caractérisent. Les méthodes que j'enseigne sont infiniment plus conformes à la sensibilité de nos organes.

247. Je soutiens aussi, que, pour avoir des liqueurs qui soient délicates et fines, il ne faut jamais que les semences, les herbages, ni les fruits soit distillés, mais seulement leur infusion spiritueuse *(alcoolique)*.

248. Les manipulations du confiseur et celles du distillateur y sont toutes au détriment de ces deux industries, parce qu'elles portent de graves atteintes à la santé des consommateurs. Je n'ai pas la prétention de redresser ici ces erreurs. Je ne pourai y placer que quelques règles générales, mais plus tard je me ferai un devoir de publier mes observations sur les principes qui doivent présider à ces sortes de produits alimentaires.

249. Pour faire les ratafiats de fruits : Il faut choisir les fruits les plus parfaits en maturité, en for-

mes, en couleurs et en volume ; les laver, les éplucher, les écraser pour en extraire le jus sans feu.
On laisse déposer ce jus. On décante le liquide. C'est
dans ce liquide que l'on fait fondre à froid le sucre.
Puis on ajoute l'eau-de-vie et l'on filtre à travers un
papier sur un entonnoir de *verre*. Pour les ratafiats ;
on peut employer un quart de litre de jus de fruits
par litre d'eau-de-vie et 2 ou 3 onces de sucre : c'est
de cette manière qu'on fera les ratafiats de Cassis, de
Cerises , de Groseille , de Framboise, de Pèches , de
Raisins , d'Oranges , de Citrons , de Grenades , de
Noyaux. d'Absinthe.

250. Il y a des pulpes de fruits qui retiennent
leur jus. Mais on peut , pour les obliger à le céder ,
les arroser à 2 ou 3 reprises avec un peu d'eau bouillante et les mettre chaque fois égoutter sur un tamis
de crin.

251. Pour les Ratafiats de graines. Il faut faire de
bons choix dans les semences les plus grosses et les
plus parfaites en couleurs et en parfums ; les vanner,
les laver à l'eau froide pour les *désoxigéner*, les piler (sans les avoir fait sécher) dans un mortier de bois
ou de *marbre* avec un pilon de *bois* (1) , alors on met
cette pâte infuser pendant deux jours seulement dans
deux fois son volume d'eau-de-vie, on les enferme
dans une bouteille de verre à large ouverture , mais
qui bouche assez bien , sauf un petit trou d'épingle
pour le dégagement de l'air ; on agite deux ou trois
fois par jour. On décante l'infusion spiritueuse et
aromatique pour l'enfermer dans une bouteille. On
remet une fois seulement, de nouvelle eau-de-vie

(1) Si on se servait de mortier en fer la couleur en serait noircie et
le goût de la liqueur fade.

sur ces aromats , pour en extraire encore quelques principes; et après vingt-quatre heures on décante et l'on met le marc égoutter sur un filtre d'étoffe. Le peu d'esprit qui reste dans ce marc ne mérite pas la peine de s'y intéresser.

252. Il faut une once de semences par litre d'eau-de-vie de 19 à 22 degrés et 2 à 4 onces de sucre comme je l'ai dit , puis on filtre. C'est ainsi que se font les ratafiats d'anis vert, de coriandre , de genièvre , de canelle, de café, de thé , de cacao , de vanille , de safran , d'anis des Indes , ou anisette de Bordeaux , de Menthe.

253. Les Crêmes devront offrir une plus forte proportion dans l'arôme. C'est presque toujours par la distillation que l'on procède pour l'extraire afin aussi d'éviter la présence du principe amère , extractif et colorant qui reste dans le bain-marie. Alors , les doses tant en fruits qu'en semences doivent être doubles de celles des ratafiats qui vous serviront de comparaison, mais sans aucune variation pour l'eau-de-vie qui sert à la distillation des fruits ou des semences.

C'est dans ce produit distillé qu'on verse le sucre clarifié en sirop. Puis on procède au filtrage ou bien au collage de ces crêmes pour les mettre en bouteilles.

254. Voici pour exemple la Crême de Menthe :
Menthe séparée des tiges, deux onces ,
Eau-de-vie à 22 degrés, un litre ,
Canelle en poudre, un gros ,
Le jus d'un citron
Le jus d'une orange,
Sucre , 4 onces.
On pile la menthe et la canelle pour les faire infuser pendant trois jours dans l'eau-de-vie. On dé-

cante et l'on presse le marc enfermé dans un linge.
On distille si l'on veut, cette eau-de-vie aromatique,
et l'on ajoute les jus de citron, d'orange et le sucre,
puis on filtre. Mais ou peut se dispenser de la distiller.

255. *Les huiles*, parmi les liqueurs de table, sont,
comme je l'ai dit, chargées en sucre, chargées
jusqu'à couler presque à la manière de l'huile dont
on leur a donné le nom, par rapport à ce caractère
physique.

256. Pour la préparation de ce genre de liqueurs,
il faut être scrupuleux sur le bon goût et la beauté du
sucre, sur sa clarification qui doit être parfaite. Il
faut aussi leur accorder des eaux-de-vie vieilles de la
Rochelle ou de Cognac, qui sont veloutées, plutôt que
de l'esprit de Montpellier. Ce dernier, au contraire
convient mieux pour la confection des ratafiats parce
qu'il est plus sec, plus sapide.

257. Il est difficile de filtrer et même de coller les
huiles On est souvent obligé de s'en tenir au repos,
à la décantation, pour séparer les fesses qu'elles ont
déposées. Après la décantation on filtre sur un papier
gris le peu de dépôt qui est resté.

258. Il faut être circonspect et réservé dans l'emploi des substances *colorantes*, la plupart des tein-
tures étant des *poisons occultes* qui engendrent la
gangrène des entrailles. Cependant on admet encore
les suivantes : le caramel pour le jaune orange ; le
saffran gatinais pour le jaune citron, la cochenille
ou le bois du Brésil pour le rouge ; le saffran avec
l'indigo pour le vert.

259. A ces trois classes de liqueurs de table, il est
de ma science, fruit de mes études en physiologie,
de vous conseiller d'y intoduire par chaque litre de
liqueur, le jus d'une orange et le jus d'un citron dont

vous aurez préalablement ôté les écorces avant d'exprimer le fruit.

260. Mon but, en cette circonstance, est de neutraliser l'action *incendiaire* des aromats et de l'eau-de-vie, en augmentant les jouissances de ceux qui en usent.

261. Les doses que je viens de fixer sont pour des liqueurs fines dites *liqueurs des îles*. Quand il faudra fabriquer des qualités inférieures, il suffira d'y introduire une petite quantité d'*eau bouillante* : seulement la dose nécessaire pour abaisser les prix. Du reste rien ne doit être changé dans les recettes. Je pense qu'il serait impossible d'apporter plus de simplicité et de justesse ; dans cette occasion nous nous proposons de porter la moindre atteinte possible à la santé de ceux qui s'adonnent à ces sortes de boissons.

262. Après avoir posé des règles générales sur les liqueurs, je vais tracer les exceptions qui seront peu nombreuses :

Le Ratafiat de Grenoble se fait avec 8 onces de jus de merises noires, un gros de canelle en poudre, un jus de citron, 4 onces de sucre ; ou filtre.

263. Pour le Brou de Noix ;

Écorce de noix une livre, on la pile en pâte, on la délaye dans une livre d'eau bouillante, on passe avec expression. C'est dans ce liquide qu'on ajoute un litre d'eau-de-vie à 22 degrés, un jus d'orange, un jus de citron, un gros de canelle en poudre, et 4 onces de sucre. On filtre.

264. Curaçao de Hollande :

Jus d'oranges, 8 onces,

Saffran du Gatinais, 2 gros,

Canelle de Ceylan en poudre, 1 gros,

Le jus d'un citron,
Sucre, huit onces ,
Eau-de-vie à 22 degrés, un litre.

On réunit ces 6 articles dans une bouteille bouchée; tous les jours on l'agite une ou deux fois pendant cinq jours, ensuite on laisse reposer pendant
cinq autres jours, et l'on décante. On filtre le résidu.

265. Cassis. On est dans l'usage de mettre infuser le
cassis dans l'eau-de-vie. Cette méthode est vicieuse
sous plusieurs rapports : il vaut mieux suivre celle
qui est enseignée ici, c'est-à-dire, choisir les plus
belles grappes, supprimer les grains défectueux , les
laver, les égrapper, les écraser; égoutter le marc
pour recueillir le jus; délayer ce marc dans un peu
d'eau bouillante pour le mettre égoutter de nouveau:
on réunit tous ces jus pour qu'ils soient uniformes,
et l'on s'en sert pour faire :

Du ratafiat de cassis ,
De la crême de cassis ,
De l'huile de cassis,

en suivant les règles que j'ai indiquées pour les
doses en eau-de-vie, en sucre, en jus de citron, en
aromats.

266. Si on voulait décolorer une liqueur, la rendre diaphane, on emploierait, par litre de liquide,
une once de *noir d'ivoire en poudre*; mais avant de
mêler ce noir avec la liqueur, il faut le laver dans
de l'eau bouillante et le recevoir sur un filtre de papier. Ce *noir animal* détruit toutes les couleurs,
même celle du vinaigre rouge.

267. Les Fromages occupent aussi l'attention de
l'épicier. Chaque contrée lui en fournit dont la
forme et le goût sont différens les uns des autres.
Mais, ce sont seulement ceux de Hollande et de

Gruyère qui méritent la priorité. Les autres valent peu la peine de s'en occuper : le débit en est restreint; puis ces fromages se dessèchent et l'on est en perte.

268. Le Fromage de Hollande est de deux sortes : les *pâtes fermes*, dont les pains sont plus petits et plus sphériques, la substance un peu plus fortement salée ; et les *pâtes molles* dont les pains sont plus larges, plus applatis, la substance en est plus grasse et moins salée. Cette dernière sorte qui, sans contredit, est la meilleure, ressemble presque à du beurre.

269. Pour conserver à ces fromages leur souplesse et leur poids il faut les enfermer dans des caisses ou des tonneaux recouverts et déposés dans une cave sèche, qui ne soit pas dans le voisinage d'une fosse d'aisances.

270. On parvient encore à bien conserver cette souplesse en frottant la croûte avec une petite quantité d'huile d'olive ou d'œillette. L'action de l'huile, non-seulement refoule l'humide radicale vers le centre du fromage, mais encore, elle tue les rudimens de *mittes* dont la chaire des fromages regorge.

271. Afin de garantir la surface du fromage du hâle et de la dessication, l'épicier fait faire une *cage* de bois, garnie de carreaux de verre *blanc* épais pour y loger les fromages qu'il destine au détail.

272. Les fromages les plus gras et les plus jaunes sont ceux qui contiennent le plus de crême ; ce sont par conséquent les meilleurs : Ceux qui sont maigres, pâles, aigres, coriaces ne sont que des rebuts.

273. *Le fromage de gruyère* a la prééminence, même sur la table des rois et des princes. On l'y voit dans presque toutes les saisons ; car, on sait que

c'est entre la *poire* et le *fromage* que se décident le
sort des empires, la liberté des peuples, le mariage
des jeunes filles et la reconciliation entre les époux.
C'est entre la poire et le fromage que s'effectue aussi
le rapprochement entre des cœurs généreux faits pour
s'aimer mais momentanément divisés.

274. Les pâturages pittoresques et parfumés de la
Suisse et de la Franche-Comté contribuent pour beaucoup dans les bonnes qualités et dans la délicatesse
du fromage de Gruyère.

Ce nom lui vient de celui d'un petit bourg de la
Suisse qui est réellement le centre de cette fabrication.

Une roue de fromage de Gruyère pèse environ
30 k. Le tonneau contient dix roues et pèse 500 k.

La conservation de tous les fromages se rapporte
à ce que je viens de dire pour ceux de Hollande.

275. Il y a, à Paris surtout, des épiciers qui dé-
layent de la *pierre-sanguine en poudre*, dans de
l'huile pour colorer la croûte de leurs fromages de
Gruyère et de Hollande. Il ne paraît pas qu'ils en
vendent davantage : Le public redoute tout ce qui
est original et charlatanique. Il est des personnes
qui mangent cette croûte des fromages, et la san-
guine peut incommoder.

276. Le BEURRE aussi vient se réfugier parmi les épiceries; c'est le plus souvent à l'état *salé* ou *fondu*, quelquefois aussi du *beurre frais*. L'épicier est si obli-
geant, que tout le monde dans son quartier le
considère comme une seconde providence ! Mais,
quand il débite du beurre *fort*, *rance*, *âcre*, rempli
de *poils de vache*, oh ! alors, ce ne sont plus des
bénédictions qu'on exprime pour lui...

277. La Bretagne envoie d'immenses quantités de

beurre *demi-sel* en grelles (*ou corbeilles*) qui, quelquefois, est trop salé. J'ai aussi remarqué depuis peu, qu'on a changé l'enveloppe en toile de *lin*, contre une toile de *coton*, dont le *duvet* reste sur la surface du beurre, ce qui est de triste mine et contraire à l'urbanité du commerce.

278. Il y a aussi des beurres de première qualité en tines (*ou jarre de grais*) de différens poids, qui sont envoyés d'Isigny aux marchands de beurre en gros, à Paris.

279. Le Beurre fondu sur un feu doux et modéré, a de moins l'*écume*, mais alors il est d'une garde plus facile et plus assurée ; il peut se conserver sans être salé.

280. Le Raisinet est du petit raisin comme l'étymologie le dit assez. Ce petit raisin est cuit, concentré en *marmelade* et mis en barils de 100 kilo. On peut le garder, je crois, une année avant qu'il s'aigrisse.

281. Les Poissons salés tels que les harengs, la morue et autres, viennent aussi parfois *infecter* par leur hideuse présence nos magasins d'épiceries. Ces comestibles n'ayant qu'une courte saison pour leur écoulement, on y perd plus souvent qu'on y gagne. Il faut espérer que les jeunes épiciers auront la générosité de laisser ces articles exclusivement aux dames de la Halle et aux fruitiers : Il faut que tout le monde vive.

282. Les Conserves en Comestibles, forment une ressource pour employer la surabondance de la récolte ; et viennent remplir les vide de l'arrière saison ; voici la manière, assez généralement adoptée, pour y procéder :

On fait choix de fruits ou de légumes ou de jus, en écartant ce qui est défectueux ; on passe les fruits et légumes à l'eau froide pour nettoyer leur surface des injures qu'ils ont eu à subir : étant égouttés, on les enferme dans de forts bocaux ou dans des pots, que l'on bondonne fortement avec du liège de première qualité et épais; on lui laisse toute son épaisseur. On fixe ce bondon par deux traverses en croix en fil de fer convenablement tendues.

Dans cet état, tous les pots et bocaux seront entourés d'une torsade de foin et emballés dans une chaudière, on l'emplit d'eau froide et on allume le feu. Quand l'eau a commencé à bouillir, *on compte une heure entière d'ébullition*, alors on cesse le feu, laissant le tout ensemble refroidir jusqu'au lendemain.

Alors on décante l'eau, on déballe les vaisseaux, on les essuie, on les laisse bien sécher pour en gou-, dronner le goulot et y appliquer des étiquettes qui désignent l'espèce, la quantité et l'année.

Mais voici encore une innovation sortie du fond des enfers : On expose en vente des POIS et autres enfermés dans des boîtes de MÉTAL pour conserve !

« Que l'homme est malheureux ! » a dit Racine.

Oui, et c'est le plus grand des malheurs que de vivre dans l'ignorance et surtout dans l'ignorance des lois de la nature.

283. TRUFFE ; plante de la nature du champignon, mais qui naît dans *l'intérieur* de la terre. Elle est raboteuse et presque ronde; il y en a de grises et de noires. Les départemens de la Dordogne, de la Haute-Vienne, de la Haute-Garonne et particulièrement l'Italie, en fournissent qui sont estimées. Les plus excellentes sont de moyenne grosseur, dures et d'un parfum agréable. On les conserve dans du sable sec.

284. Ici se termine la partie des COMESTIBLES; elle est, comme on vient de le voir, de la plus grande importance, et, par sa nature alimentaire, elle reclame spécialement la protection et la surveillance la plus vigilante de la part du gouvernement et de la police municipale afin de réprimer la *fraude* dans la livraison, les *falsifications* dans la fabrication des produits et dans leurs préparations. Ce qui doit aussi éveiller continuellement l'attention du commerçant, c'est la perte de poids, qui, dans cette division, est plus considérable que dans les autres.

TROISIÈME PARTIE. — ÉCLAIRAGES.

285. Dans cette troisième division, l'article le plus important c'est la CHANDELLE, qui est, sans contredit, la plus utile de toutes les inventions. En effet, ce petit cylindre de suif, si commode, si gracieux et à si bon marché, est destiné à rien moins qu'à suppléer en l'absence du soleil! Oui, quand l'astre qui éclaire ce vaste univers aura été éclipsé à vos yeux, pour cinq centimes, vous aurez un flambeau qui vous éclairera très bien toute la soirée sans *même avoir besoin de le moucher*; ce qui rend aujourd'hui l'illusion plus parfaite, et c'est précisément pourquoi j'ai nommé ce genre : *chandelle astrale*. Mais entrons en matière, et commençons par écrire sur les chandelles ordinaires à mèches *torses*, qu'il faut encore moucher.

286. La *chandelle ordinaire*, commune ou brute, est celle dont le suif n'a pas été épuré, elle pue la charogne, n'éclaire que très peu. La mèche torse, toujours en coton *écru*, forme un énorme lumignon et de gros champignons. L'aspect d'un tel éclairage

contriste l'âme, paralyse l'esprit, anéantit le courage
et semble obscurcir l'intelligence. Mais, finalement,
cette détestable chandelle qu'on ne fabrique que
par esprit de jalousie, pour la livrer *à vil prix*, revient au consommateur plus chère que la bougie ,
à cause des nombreux désapointemens qu'il éprouve
chaque soir. Quelquefois les flammèches qui s'en
échappent ont occasionné des incendies !

287. Il y a de la chandelle moulée dans des moules d'étain et de la chandelle trempée à la baguette,
celle-ci est toujours plus profitable ; mais elle est
complettement ignorée à Paris.

Les chandelles sont depuis quatre à la livre jusqu'à vingt. Il y en a de courtes pour lanternes.

288. C'est pendant les six mois d'été qu'on fait sa
provision à bon marché, pour la vendre plus chère
pendant les six mois d'hiver. Elle se bonifie à la cave
ou au moins dans un magasin à l'exposition nord.
La chandelle redoute la poussière qui la dégrade ,
et la trop grande chaleur qui la fait suer et fondre.

289. Les convenances, la morale et la suscepti-
bilité d'un public, devant lequel il ne faudrait jamais
avoir à rougir de ses actions, exigent que le poids métrique soit à chaque livraison quelle qu'en soit l'importance. Je n'ignore pas que des ordonnances de police admettent un peu de différence, comme d'une
demi-once par livre; tant pis pour ceux-là qui se mettent dans la triste nécessité de s'abriter derrière des
exceptions honteuses. Quand on les paie, faudrait-
il aussi leur compter l'enveloppe de la monnaie ? Ces
rubriques là , sont heureusement ignorées en provin-
ce où la chandelle passe par la balance comme autre chose.

290. Pour porter d'un seul et même trait la fabri-

cation de la chandelle à son plus haut degré de perfection et de prospérité j'ai eu l'idée heureuse de
préférer le *coton blanchi*, et *de natter la mèche en
3*, en y ajoutant du *fil de Cologne* dans le tissage de
la natte. Il en est résulté, que la chandelle dure
un tiers de temps de plus, et qu'une seule de ces
chandelles à mèche nattée et blanchie, éclaire autant que deux chandelles communes de même grosseur ; il y a donc évidemment économie de 5o pour
o/o à user du coton *blanchi* et à faire *natter* la mèche.

291. Le nattage à la main serait irrégulier et
trop long. J'ai fait établir des métiers mécaniques
avec lesquels un enfant de 12 ans, tournant une
manivelle, natte 3oo aunes de mèche par jour.

292. Je vends aussi de la mèche nattée à tant le
kilo. (*Voir le prix courant timbré à la fin du volume.*)

293. J'ai donné à cette nouvelle production le
titre de CHANDELLE ASTRALE, par la seule raison qu'elle
n'a pas plus besoin que les astres, de l'usage des
mouchettes, et que l'éclairage en est parfait.

Je vends un traité sur la fabrication de la chandelle dont la quatrième édition va paraître. Le prix
est de 10 fr. franc de port par la poste.

294. Une nouvelle industrie a pris naissance aussi
tout autour de moi, et à laquelle je n'ai pas encore participé ; cependant, je pense qu'il me sera
loisible bientôt d'indiquer des moyens de la *simplifier*, de la *perfectionner*. C'est de la BOUGIE STÉA-
RIQUE qui se débite sous divers noms adjectifs que
chaque fabricant adopte selon ses idées.

295. Cette matière nouvelle est d'une dureté et
d'une sécheresse remarquables, mais les déchets
sont si considérables, les manipulations en sont aussi
dégoûtantes que malsaines et repoussantes : le ma-

tériel en presses et chaudières est si coûteux, qu'il faut y regarder à plusieurs fois avant de s'engager avec ses capitaux dans une fabrication, que la bonne chandelle et la belle cire éclipseront toujours sans nul doute.

296. Le défaut capital de ces bougies est une mèche beaucoup trop *mince* et en coton *écru*.

297. La BOUGIE ASTRALE, au contraire, dont je puis me dire le père, est une combinaison simple, mais parfaitement bien raisonnée, de parties égales de cire blanche, de blanc de baleine et de suif de mouton épurés et raffinés ; puis coulé dans des moules d'étain ou bien plongé à la baguette.

298. En 1857 j'ai publié un supplément, exprès pour indiquer à mes honorables lecteurs la manière de procéder dans les détails de cette façon de bougies astrales. Le prix de ce supplément est de 3 fr.

299. En variant les doses et surtout en la gratifiant de l'indispensable mèche *nattée* de coton *blanchi* : on peut faire de la bougie astrale depuis un franc jusqu'à trois francs le kil.

300. On voit, par cet exposé, que la France est aujourd'hui la plus avancée dans l'art de l'éclairage, et que, pour les autres peuples, leur plus grande gloire, sera de nous imiter. Cependant nous ne serions pas fâchés d'apprendre qu'on nous surpasse.

301. On peut fabriquer toutes sortes de bougies dans les moules ordinaires, même la bougie de cire et celle de blanc de baleine. C'est ce que j'ai expliqué dans un troisième ouvage intitulé : Fabrication des miels, cires, cierges et bougies.

302. La bougie diaphane, transparente, de *blanc de baleine* n'a pas eu le succès qu'on espérait lors de sa première apparition en France et en Angleterre.

Il était facile de prévoir ce résultat, parce que l'on a fait une production très diaphane, il est vrai, mais l'épuration *anti-pudride* et *chimique* n'a pas même été tentée selon les véritables principes de la nature.

J'ai soumis du blanc de baleine à ce mode indispensable de raffinage et j'en ai obtenu des bougies très supérieures en beauté, en qualité, en durée; je traiterai cet objet très en détail dans la troisième édition de mon nouveau Traité de l'art du cirier : qui paraîtra fin de cette année ou au commencement de 1839.

303. La BOUGIE DE CIRE, surnommée avec raison *bougie du Mans*, est la reine des bougies; l'éclairage en est parfait, la durée passablement longue, le gaz qu'elle répand en brûlant n'a rien de malsain pour la poitrine. Cette dernière considération est des plus importantes pour la conservation de la santé des hautes classes de la société qui la préfèrent.

304. Pourquoi faut-il que, malgré le prix élevé de cette bougie, les règlemens *reclamés*, accordent pour compléter le demi kilo une demi-once de papier qui remplace pareil poids de cire?

En vérité, je le répète, ce sont là des remèdes qui tuent les pauvres malades, et les fabricans de cire se travestissant en *rogneurs de portions*, inspirent plus de pitié que de courroux.

Quoi! on vous paie 3 francs ou 2 fr. 60 cent., un demi kilo. de cire et vous employez même la protection de la police pour n'en livrer que 15 onces, que 14 onces; mais prenez plutôt une besace et allez demander l'aumône : Mais, le boucher pourrait bien exposer avec plus de raison que la viande séchée pèse moins; le boulanger aussi, etc.!

305. Je persiste à conseiller aux jeunes fabricans

de se faire remarquer par leur empressement à mettre exactement le poids *métrique* à toutes leurs productions, tant en bougie qu'en chocolat et autres. Sachez que ce public n'est pas si bête qu'on veut bien le dire, et que ce qu'il condamne est bien jugé, jugé sans appel :

Vox populi : vox Dei : c'est-à-dire : La voix du peuple est la voix de Dieu.

306. Cependant, quand la cire est bien raffinée, quand la mèche est de coton longues soies et blanchie, la bougie, de quelque pays qu'elle soit, sera aussi bonne que celle qu'on fabrique avec déférence et probité au Mans. Si les Lefaucheux-Valin du Mans et plusieurs autres se sont acquis une gloire immortelle dans ce genre, c'est que la probité chez eux l'a emporté sur l'ambition. C'est aux jeunes fabricans de tous les cantons, à marcher d'après ces grands modèles d'intelligence et d'urbanité.

307. En fait de bougie, l'épicier ne doit admettre chez lui que les productions les plus parfaites.

308. Dans la bougie filée, dite *rats de cave*, on est moins scrupuleux ; la thérébenthine y entre forcément et quelquefois un peu de poix résine. Il y en a de la blanche et de la jaune qui sont par paquet de divers poids.

309. La Veilleuse est aussi une petite *bougie* filée très menue emmanché dans un disque de carte, supportée par une autre disque de liège. On la froisse un peu pour servir de rivure. Si le coton de la mèche est blanchi, si la cire en est bien raffinée, si l'huile est bien épurée, cette veilleuse donnera presqu'autant de lumière qu'une chandelle commune des huit. En est-il toujours ainsi? Non. Pourquoi? Parce que, *l'esprit national* n'est pas encore en

France porté à un si haut degré qu'en Angleterre, où rien n'est *petit.* Dans le Parlement anglais, un *marchand tailleur* est un des membres les plus révérés (sir ROBERT PEEL.) On y voit aussi un fabricant de *cirage.*

Cet ESPRIT NATIONAL s'éveille dans l'empire français *sous l'influence efficace de la nouvelle dynastie* d'ORLÉANS *qui nous gouverne;* et, nos plus moindres commes nos plus importantes fabriques prendront l'essor que le caractère du siècle et l'esprit du souverain comportent.

Chaque roi imprime son caractère à son règne.

310. LA CIRE JAUNE, que je place dans ce chapitre, se vend pour une infinité d'usages. Quand elle est bien *raffinée,* on peut la *couler* en *bougies* qui ne laisseront rien à désirer. Le consommateur se sera épargné les frais de blanchissement. Cette tentative ne sera jamais infructueuse chez un peuple qui raisonne. Je les nomme : BOUGIES ORANGES..... Pourquoi pas?... Puisque l'on *colore* celle de blanc de baleine en jaune jonquille, en rose, en vert, en bleu.

311. Mais, la cire jaune a le plus souvent passé par la main des fripons, qui la falsifient avec de la farine de féverole, avec de la résine, avec du suif. Alors, le frotteur d'appartement est éreinté pour ne faire que mauvais ouvrage, alors, à l'épuration la farine occupe le cul du pain, ou bien elle est délayée dans l'eau. Il n'y a que le suif qui reste adhérent à la cire. Il la rend tendre, grasse et friable.

C'est vraiment un triste spectacle pour le commerçant, que de se voir sans cesse entouré de falsificateurs des productions qu'il veut acheter. Il faut avoir un grand tact et une attention presque continuelle pour se garantir contre ces *pirates.*

312. La cire blanche éprouve aussi ces même falsifications qu'il faut tâcher d'éviter. La plus belle cire est presque aussi transparente que le cristal; elle porte le nom de *cire de Smyrne*. La seconde sorte est une *cire du pays*, qui est encore assez transparente et très sèche, sans adhérer sous la dent, sans graisser le papier.

313. On mélange de la cire blanche avec de la thérébenthine en très petite quantité pour cirer les coutils afin d'y renfermer la plume pour les lits :

Cire blanche ou jaune, 14 onces.

Thérébenthine, deux onces.

On la nomme cire gommée. Peut-être, qu'on y dissout de la gomme arabique.

314. Il est temps de parler des cierges, pour ne pas les oublier; ce sont de longues bougies côniques dont la base est percée pour recevoir la pointe d'un flambeau et sert à honorer la divinité dans l'eglise. Il y a des cierges depuis une once jusqu'à une livre. Ceux qui ont le plus de vogue sont de deux et quatre onces. On demande ces cierges aux ciriers des grandes villes. Le transport en est perilleux à cause de la casse. Il convient de les accrocher par groupes dans une armoire en vitrage qui les garantisse de la poussière.

315. L'invention de la *mèche nattée* est aussi favorable pour l'éclairage du cierge.

316. Il y a des cierges plus gros et moins allongés qu'on appelle chandeleurs : parce qu'on les fait bénir le 2 février, jour de la purification de la très sainte vierge, la mère du sauveur. On débite beaucoup de ces *Chandeleurs* dans le courant de janvier. On fait bénir ce qui reste invendu pour les débiter dans le courant de l'année.

Heureux le peuple qui a la foi en partage !

317. Le coton filé est *écru* ou *blanchi*. La différence pour le prix est de 5o cent. par livre. Mais le blanchi étant plus *léger* ne revient pas sensiblement plus cher. L'éclairage en est infiniment plus brillant, point de flammèches ne s'en échappent. Il ne forme point de champignon. Le coton écru a, au contraire, tous ces défauts; il est muqueux, il ne donne qu'une lumière sombre et voilée.

L'un et l'autre sont pelottés par 2 et 4 onces et par 3, 4 et 5 bouts pour tailler des mèches, ou pour les mettre en natte.

Le coton Géorgie est le plus inférieur.

Le coton Louisiane est de qualité moyenne.

Le coton d'Amérique longues soies est le meilleur et le plus cher.

La grosseur du filage va depuis n. 6 jusqu'à n. 16 et plus; filé plus fin, il ne convient plus pour mèche, parce que le lumignon se recourbe et fait couler la chandelle, c'est ce qui arrive aux *chandelles économiques* qu'on fabrique à Paris. Il y a erreur : mon devoir était d'en avertir.

318. Il y a un duvet de coton, filé pour lampes à bec : pour la rustique lampe des habitans de la campagne. Cette mèche très grosse, éclaire mal.

319. L'épicier aurait plus d'avantages à débiter pour lampes rustiques de la gance ronde de coton blanchi n. 5, qui se vend à la livre; l'éclairage en est très supérieur.

320. Le fil de Bretagne entre pour moitié avec le coton pour la mèche des cierges; on le vend tout pelotté et à bon compte.

321. Le fil de Cologne, infiniment plus beau que ce dernier, sert pour la chandelle astrale et pour toutes les bougies; on le fait entrer pour environ un hui-

tième en poids dans la confection des mèches torses ou nattées. Il est en écheveau. Celui en pelotte coute 5o cent. de plus par demi kil. La présence de ce précieux fil, donne à la lumière beaucoup de brillant et d'éclat. Ce fut moi, le premier, qui ai donné cet exemple et qui l'ai publié en 1825 et 1826.

322. La mèche a quinquet, est une sorte de tuyau en tissus de coton, qui s'emmanche sur le porte-mèche du quinquet. La vente en est immense, les fabriques très nombreuses et pas chères; l'apathie, l'indolence des fabricans de chandelles a réveillé le courage et l'intelligence de ceux qui travaillent pour les quinquets. Cependant, il est pitoyable de voir, même aujourd'hui, qu'on ne tisse que des mèches de coton *écru*, tandis que le coton *blanchi* donnerait une lumière bien plus éclatante. La différence de prix ne mérite pas qu'on s'y arrête.

Ces mèches se désignent par 10, 11, 12, 13 et 14 lignes de diamètre; elles sont liées et paquetées par douzaine et ensuite par grosse de douze douzaines. On les vend aussi à la livre chez quelques fabricans.

323. Si les allumettes sont modestes, elles ne sont pas moins l'article le plus utile de l'éclairage. Il y en a de hêtre qui sont les meilleures, il y en a de bouleau qui sont moins bonnes. A Beauvais on en fait en bois de chanvre qui sont de bonne qualité. C'est une bêtise que de leur épargner le souffre.

324. L'allumette phosphorique n'est souffrée que d'un bout, et le souffre est recouvert par un mastic parsemé de *poudre de chasse* ; le contact du phosphore y met le feu; alors, c'est en petit un véritable feu d'artifice.

Avec ces allumettes, il y a aussi la petite courtine

qui contient du phosphore, et l'étui en carton qui renferme le tout. Honneur soit rendu à M. Joseph, fabricant, rue Grénétat, et à une demi douzaine d'autres
qui ont intelligemment soutenu et perfectionné cette
utile industrie. Ils ont mérité une honorable distinc-
tion.

325. L'amadou a perdu de sa vogue par la naissance
du précédent article. C'est un champignon désséché,
battu, imprégné de salpètre qui, à la moindre
étincelle, brûle sans flamme et sans discontinuer
jusqu'à la fin. Mais on le néglige, on le laisse humecter, éventer, tandis qu'il devrait toujours être renfermé dans une boîte bien hermétiquement close, et
paqueté à l'avance pour le détail. Il y a à Paris plus de
trente fabriques d'amadou.

326. Les briquets de fer et les pierres à feu sont
des appendices indispensables de l'amadou, et termi-
nent le chapitre de l'éclairage.

QUATRIÈME PARTIE. — LES LESSIVES.

327. Le Savon est la combinaison d'un corps gras,
le plus souvent de l'huile, rendue soluble dans l'eau,
par le moyen d'un sel alcalin, comme la *soude*
ou la *potasse*, et au moyen d'un puissant intermède
qui est *l'eau de chaux* saturée à un très-haut degré.
Cependant, il arrive quelquefois que le suif remplace l'huile (ce qui est là une conception des plus
misérables. Les savons sont liquides ou solides selon la nature des objets pour lesquels on les destine.

Un *mordant* fortement prononcé sur la langue,

est la marque qu'ils sont assez saturés d'alcali. Une
franche et facile dissolution dans l'eau potable annonce le caractère des huiles employées. La difficul-
té de se dissoudre indique au contraire la présence
du *suif*. L'uniformité de la pâte est encore un signe
qui va conjointement avec une couleur bien détermi-
née.

328. L'espèce dite Savon blanc, ou savon de *Gênes*,
tire son nom d'une fort belle ville d'Italie, où cette
industrie prit naissance; mais Marseille en fabrique davantage et d'aussi bon. Ce genre n'a pas du-
tout de marbrure. Il est fait avec de belle huile d'olive
et de la soude d'Alicante. C'est celui qui commu-
nique au linge et aux mousselines la plus belle blancheur, celui qui mousse le plus abondammment, celui qui est coté le plus haut, mais par toutes ces
excellentes qualités, celui qui en dernière analyse,
revient à meilleur marché.

Ce savon de Gênes n'est pas en briques longues
comme le marbré, mais en table du poids de 15 kilo.
La caisse n'est que du poids de 75 à 100 kilo. Par
le temps, sa croute se grisaille un peu et rougit; la
pâte de ce savon ressemble assez à du lard. C'est
avec ce savon que le parfumeur établit ses variétés
aromatisées, diversement coloriées.

329. Le savon bleu pale, ainsi que le bleu vif,
sont faits avec des huiles et des soudes plus inférieures que pour le précédent, aussi sont-ils de 10
à 15 centimes par kilo moins chers. Il n'y a pas de
ville sur terre où il se fabrique autant de savon qu'à
Marseille, sur les bords radieux de la mer Méditer-
ranée. Dans plusieurs villes on a eu la noble émulation de chercher à imiter cette fabrication, je ne sa-
che pas que nulle part on y soit entièrement parvenu.

330. La marbrure de ces savons s'opère au moyen d'une dissolution de sulfate de fer (*Coupe-rose verte*), qu'on verse dans la pâte quand elle est assez cuite et immédiatement avant de la couler dans les moules où on lui donne la forme en briques. A mesure que les jours s'écoulent, la marbrure extérieure perd de son intensité. Elle finit à la fin par disparaître : voilà pourquoi le bleu pâle devient *croute blanche* et le bleu vif devient *Isabelle*, c'est-à-dire, roussâtre. Cette altération extérieure de la marbrure sert à juger si les savons sont déjà vieux ; on les appelle alors : *pâte rassise*, c'est-à-dire, qu'une grande partie de l'humidité est évaporée. Dans cet état on les vend un peu plus chers : mais ils offrent moins de chances de pertes pour l'acheteur.

331. Maintenant, les prix des savons de Marseille vendus à Paris sont à peu près stationnaires, mais le chiffre de *l'escompte* varie continuellement. Cet escompte parcourt une gradation de 10 à 20 pour cent. Les choses ainsi établies chacun s'y conforme.

332. Le détenteur de cette denrée doit s'attacher :

1° A entretenir les caisses dans un parfait état de solidité, de cerclage et cordage, pour éviter les écorchures et cassures des briques.

2° A ce que la tare et surtare soient ponctuellement observées.

3° De les emmagasiner dans un lieu où ils ne puissent ni se ramollir, ni trop sécher.

4° De recouvrir les groupes de caisses au moyen d'une bâche en toile grasse, afin d'éviter une trop notable dessication.

333. En décaissant ce savon pour le détail, on voit sur les briques les trous de cloux ; il faut, avec les gratures de la caisse, faire une pâte bien pêtrie

pour reboucher tous ces trous qui dégradent la marchandise.

334. On est dans l'usage de le découper à l'avance,
en morceaux de divers poids, pour le faire ressuyer
extérieurement, afin de le vendre plus facilement.
Cependant, ce serait contre les intérêts de l'épicier
que d'en découper pour plusieurs semaines et de le
faire par trop dessécher. Sur cet article la perte
de poids est occulte et peut avoir des conséquences
ruineuses. Le savon est de tous les articles d'épicerie, celui qui exige la plus grande attention pour
que la perte de poids n'apporte point de déficit dans
le capital.

335. Le printemps et l'automne sont deux saisons
où la vente du savon est considérable.

336. Après avoir décaissé, vérifiez toujours soi-
gneusement la tare et inscrivez cette salutaire vérification.

337. Le savon bleu vif est beaucoup plus surchargé de
ce *sulfatte de fer* dont il a été mention au précédent article, aussi est-ce dans cette sorte que se trouvent les
croûtes *isabelles*, c'est-à-dire, une marbrure roussâtre,
mais assez régulièrement bien dessinée. La pâte de ces
bleus vifs, est aussi un peu plus cuite, un peu plus
cassante, un peu plus mordante ; je crois que les
matières constituantes en sont aussi tant soit peu inférieures à celles avec lesquelles on établit les savons
bleu-pâles. Ces derniers sont si connus et si bien ac-
cueillis dans les trois départemens de l'ancienne Normandie, qu'ils y sont désignés sous le nom de savons
cauchois. Ils produisent en effet un plus beau blanc au
linge que les savons à croûte isabelle.

338. Le savon de suif est une des inventions modernes, et c'est la plus ingrate et la plus mal-

heureuse. En effet, à qui vendre un pareil savon ? A
des niais et à des indigens, à des indigens déjà rongés
par la vermine, dont le linge pourri est surchargé de
crasse ; et l'on veut laver un tel linge avec une sorte de
savon qui ne se dissout que très difficilement, qui ne
mousse pas, et qui, pour surcroît de misère, engendre de la vermine.

Ces considérations sensibles disent assez à messieurs
les marchands épiciers qu'ils ne peuvent guère espérer
de fonder la bonne réputation de leurs maisons par le
débit des *savons de suif*; cependant la quantité, la
variété de couleurs et de formes de ces savons de
suif, qui chaque jour, sont lancés dans le commerce,
sont très considérables. Plus l'aspect de ces ignobles
productions est repoussant, plus on affecte de les
étaler avec ostentation. Le temps et l'expérience en
feront justice ; et les savons de Marseille conserve-
ront toujours leur suprématie sans rivalité. Qu'on
mette le suif en chandelles avec des mèches nattées
de coton blanchi à la bonne heure, mais je crois qu'il
serait juste et raisonnable de renoncer à le convertir
en vilain savon.

539. LES SAVONS DE TOILETTE, sont du domaine de la
parfumerie, mais, dans les petites villes et dans tous
les bourgs, l'épicier tient lieu de parfumeur, de confiseur, de distillateur, etc. Là, l'épicier est l'éco-
nome de son canton. Mais, pour que ces savons de
toilette rendent les bons offices que l'on attend d'eux,
il faudrait qu'ils soient fabriqués consciencieusement,
avec cet excellent savon de Gênes, dont nous avons
parlé, et non pas avec du savon à base de suif et de
potasse.

540. Les *parfums* de ces savons de toilette doivent
être suaves et délicats, produits par les *essences* des vé-

gétaux et non avec du poivre et du piment comme
cela arrive quelquefois.

341. Il y a dans les grandes villes des fabriques
recommandables, c'est là seulement qu'il faut adres-
ser les demandes en articles de parfumerie. Acheter
peu à la fois, examiner scrupuleusement chaque article et renouveler souvent afin d'avoir toujours des
marchandises fraîches et d'un agréable emploi.

Tout ce qui est *parfumé* demande à être renfermé
en des caisses ou bocaux exactement fermés pour
conserver l'arôme.

342. Les savons mous, ne sont pas d'un débit aussi
général, aussi considérable que les savons solides;
à moins que ce ne soit dans les arrondissemens où il
existe des fabriques de lainages pour lesquelles les
savons mous ont un emploi spécial, pour le dégrais-
sage des laines et des étoffes, et aussi pour les fouler.

343. Ces sortes de savons sont fabriqués avec des
huiles de graines, telles que colza, lin, chenevis et
autres: combinées avec la potasse et l'eau de chaux
pour intermède. Quand ils sont bien proportionnés
et convenablement cuits, la cassure en est courte. l'o-
deur agréable; la consistance passablement ferme.
Ils sont de bonne garde.

344. Mais il arrive quelquefois, que des savon-
niers peu versés dans le génie de l'expérience et
des manipulations, établissent des savons qui filent
comme de la glue, qui puent, qui sont sans consistance et fusent à travers les douves. La moindre
variation dans l'atmosphère les fait tourner. Ils sont
perdu sans retour, et perdent la réputation de celui
qui s'obstine à les débiter dans un aussi piteux état.

Le mieux serait d'en faire le sacrifice en vendant en gros à tous prix pour servir de leçon.

345. Ces savons mous sont par quarts net de 25 k. par huit de 12 k. 5o d. Il y a des demi-tonnes de 5o k. et des tonnes de 100 k. Amiens, Lille, Arras, sont les centres où il se fabrique des savons qui ne laissent rien à désirer, même pour le barillage et la fidélité dans les tares.

346. LE SAVON ROUGE, est fait avec de l'huile de *colsa* pour l'été ; et, pour l'hiver, afin de prévenir les désagrémens de la gelée, on le confectionne avec de l'huile de *lin* qui ne gèle point. C'est là une attention qui marque de l'intelligence et du savoir. Ce doit être aussi une raison qui doit vous guider pour les quantités dans vos achats, afin de ne pas avoir en hiver des savons qui gèlent et dans l'été des savons qui filent.

347. Le savon VERT est fait avec l'huile de *chénevis*, il est particulièrement destiné au foulage des étoffes de laine. Il est moins cher que le rouge.

348. Dans le midi de la France et même à Rheims, on fait avec des huiles d'olive inférieures (*huiles lampantes*), un savon mou à base de potasse qui est *incolore*, et qui, pour tous les usages, ne laisse rien à désirer. M. Binard-Palloteau, de Rheims, qui était en 1827 possesseur d'une fabrique de ce genre, m'en a fait voir des échantillons dont j'ai été satisfait. Je crois que le fils où le gendre continue la même fabrication.

349. LA SOUDE est un sel formé avec les cendres de quelques plantes des rivages de la mer qu'on appelle *varec algues*, etc. La couleur est bien celle d'une cendre bleuâtre. La soude se sèche à l'air et s'efflore tandis que la potasse se liquéfie. Les meilleures ,

soudes viennent d'Alicante et de Carthagène au royaume d'Espagne. L'action y est moindre que dans la potasse, mais aussi elle est moins caustique. Elle produit un blanc plus éclatant.

350. La chimie prépare entre autres de la sous-carbonate de soude (*cristaux de soude*) qui doit être d'un usage assez utile pour blanchir les toiles batistes, les dentelles, la soie, etc. Le prix en est peu élevé.

351. LA POTASSE, est infiniment plus caustique que la soude, elle attire à elle l'humidité de l'air, se liquéfie, se résoud en eau. Elle est le résultat de la combustion de presque tous les végétaux réduits en cendres, qu'on lessive et cristallise par évaporation. Ainsi, la potasse est plus ou moins colorée, plus ou moins purgée de corps étrangers. Enfin, plus ou moins épurée. Il y a aussi la sous-carbonate de potasse (*ou cristaux de potasse*) qui est fort en usage dans les arts chimiques.

La Russie fournit une *potasse rouge* dont l'action est très grande; l'Amérique en produit de plus belle qui est d'une grande blancheur, et assez pure. On lui donne le titre de PERLASSE. Elle convient mieux pour le linge. Il y a encore quelques autres variétés intermédiaires. On renferme ces potasses dans des vases bien clos et dans un magasin très sec, *hors de la main des enfans.*

352. L'ALUN est un sel composé avec l'acide sulfurique et l'argile ou (*alumine*). Il y en a de plusieurs sortes : c'est *l'alun de glace* qui est presque exclusivement employé dans les arts. La France en fournit à toute l'Europe. Ce sel est celui qui renferme le plus d'eau de cristallisation et fond le plus difficilement. Le plus beau est aussi transparent que la plus

belle eau congelée. Mais il s'efflore à l'air et surtout au soleil. Quelquefois, on le calcine pour dissiper son eau de cristallisation. C'est alors de *l'alun calciné* qui devient aussi léger que la pierre ponce. Les vétérinaires s'en servent.

353. LE SEL D'OSEILLE, tire son origine comme son nom l'indique. Il est en cristaux allongés sous forme d'aiguilles, soluble, et surtout commode pour effacer les taches d'encre sur le linge. Il peut servir aussi à détruire quelques couleurs peu fixes. On m'a assuré que le *sel du trèfle* des champs, a encore plus de vertu que le sel d'oseille. Ce fait est assez intéressant pour qu'on le vérifie, car le sel d'oseille est toujours cher.

354. L'EAU DE JAVELLE est la combinaison de C'est un diminutif de l'acide muriatique fumant ou esprit de sel marin. Son usage est comme le sel d'oseille, pour détacher le linge; mais elle est moins chère, et son emploi plus prompt. Il faut la tenir bouchée et ne la déposer que dans des vases inattaquables, autrement elle s'y altère. Il y a des fabricans qui lui donnent une légère nuance rose.

355. L'indigo est la *fécule* d'un feuillage que l'on cultive dans les plaines d'outre-mer des régions méridionales, de même que le *pastel* en Europe. Mais l'indigo est plus abondant en matière teintoriales, cette production de la nature mérite donc la préférence.

La substance de l'indigo doit être tendre, tracer facilement sur le papier, friable sous l'ongle, et, après l'avoir ainsi grattée, présenter une surface reluisante comme du *cuivre poli*. Ce caractère dans l'indigo est positif, unique, il n'est pas facile d'en expliquer la raison : la nature a encore des mystères.

L'indigo nage sur l'eau , dès-lors il est très léger, sa couleur est d'un bleu assez foncé pour approcher du noir. Il ne s'altère jamais à moins que ce ne soit dans un magasin trop humide , la balle qui le renferme s'appelle *suron*. On le met aussi en caisse.

L'épicier vend de l'indigo pour nuancer la blancheur du linge , mais il en vend aussi beaucoup plus aux teinturiers, aux peintres , etc.

356. L'indigo étant peu soluble dans l'eau , on le met en poudre et on opère sa complette dissolution en versant peu-à-peu, sur un kilo de cette poudre, 3 kilo. d'*alcide sulfurique*, et l'on conserve ce bleu en liqueur dans des bouteilles.

Mais, comme il est alors très épais , on est dans l'usage pour le détail de l'étendre davantage en y ajoutant un poids égal d'eau. Cette introduction d'eau doit s'effectuer *graduellement* en agitant doucement la bouteille sans trop la boucher; car, il se dégage dans le liquide une chaleur considérable à cause de l'*affinité* de l'acide sulfurique avec l'eau. J'ai déjà dit , que toutes ces préparations chimiques et caustiques devraient être éloignées de la main des enfans et des imprudens. Ce bleu en liqueur se débite au poids, on peut en mettre *un peu*, *très peu* , dans l'encre à écrire et dans le cirage.

A présent on prépare en petites tablettes l'indigo soluble à l'eau : il y en a de six qualités qui varient depuis 4 fr. jusqu'à 12 fr. la livre.

357. Les BOULES DE BLEU et autres couleurs, sont des préparations assez commodes, composées des résidus précipités, mis en moules et séchés pour la facilité du débit et de l'emploi. C'est en quelques sortes un développement des pierres bleues de Rouen. Il n'y a à Paris que deux maisons qui s'a-

donnent à ce genre de fabrication, mais elles s'en acquittent avec infiniment d'intelligence.

Il y en a de toutes les couleurs et de toutes les nuances. Elles servent non-seulement pour nuancer, mais encore pour *teindre* entièrement toutes sortes de tissus.

358. Le tissu que l'on veut teindre doit être préalablement savonné, lessivé et rincé, puis on le trempe dans une dissolution d'alun qui donne beaucoup d'amour c'est-à-dire de *mordant* pour l'unir irrévocablement à la teinture bouillante dans laquelle on le plonge, étant encore mouillé et on le fait bouillir pendant 15 à 30 minutes, ayant soin de l'y retourner dans tous les sens. Après quoi, on laisse refroidir, puis on l'ôte pour le laisser égoutter sans le tordre. On le met sécher à l'ombre. Quand il est sec on le bat, on le secoue, on le brosse, on le repasse avec des fers chauds, ou bien on le soumet entre des cartons lisses, sous la vis d'une presse, ayant soin d'éviter les faux plis.

Le tissu que l'on va plonger dans la teinture doit être encore mouillé mais fortement tordu, autrement il serait maculé, inégalement teint.

359. Voici, pour exemple, une recette pour les BOULES DE BLEU CÉLESTE :

> Indigo flore cuivré, demi kilo (une livre).
> Acide sulfurique, un kilo 50 déca (3 livres).
> Potasse-perlasse, 5 kilo (10 livres).
> Eau, un litre (2 livres).
> Savon *blanc*, demi kilo (une livre).
> Alun en poudre, 25 déca (8 onces).

On met l'indigo en poudre, et on le fait dissoudre dans l'acide en se servant d'une jatte de grès. D'autre part, on fait fondre la potasse et le savon dans l'eau bouillante. Puis on réunit ces deux solutions par trois ou quatre reprises différentes. L'alun s'ajoute à la fin.

On fait des boules grosses comme une petite prune de mirabelle ou comme une grosse cerise. On les fait sécher lentement à l'ombre.

Les boules de bleu lustrées, bronzées pour mettre le linge au bleu sont depuis 2, 6, 8, 12, 16, à l'once ; et de cinq qualités qui se vendent depuis 3 fr. jusqu'à 8 fr. la livre, selon la qualité de l'indigo.

360. LE BLEU DE PRUSSE est une substance que l'on retire de la fermentation du *sang* combiné avec des sels alcalins. Il paraît que c'est en Prusse que cette invention a pris naissance. La couleur qu'il donne est moins caractérisée et moins solide que celle de l'indigo. Mais comme il est peu cher. On l'emploie aussi pour nuancer le linge et surtout en peinture à l'huile et à la détrempe.

Bleu de Prusse :

 Nitre fixé par le tartre 4 onces,

 Sang de bœuf desséché 4 onces,

 Sulfate d'alumine 4 onces,

 Acide muriatique quantité suffisante pour épuiser l'effervescence,

 Eau quantité suffisante.

On mêle le nitre avec le sang pour calciner, on lave ce produit pour en extraire la lessive qu'on concentre.

D'autre part, on dssout ensemble les deux sulfates, on réunit la dissolution sulfatée avec la lessive alcaline : il se fait un dépôt qu'on sépare par le filtre, et sur lequel on verse de l'acide muriatique. Le dépôt devient alors d'un bleu plus foncé. On le fait sécher à l'air et à l'ombre.

361. *Le tournesol* est un simulacre grossier de l'in

digo, qui s'opère par la macération de quelques végétaux du sol européen. Cette pâte donne peu de couleur. C'est la part du peuple indigent de la campagne.

362. Mais les PIERRES BLEUES, surtout celles des fabriques de Rouen, sont une pâte dans laquelle il entre réellement de l'indigo en diverses proportions selon qu'elles sont communes, ordinaires, fines, demi-fines, superfines, extra-fines. Les négocians de Rouen (ville classique pour l'esprit commercial), sont exacts à fournir les pierres bleues telles que l'indique l'étiquette.

Ces migonnes pierres bleues sont, après avoir été coulées en forme de petits gateaux (*trochisques*) et séchées, trempées dans un bain riche d'*indigo* et du plus beau. De sorte qu'il faut casser la pierre bleue pour juger de la véritable force teintoriale; ceci est un charme, un embellissement, et non pas une supercherie, qui ne saurait naître chez le fabricant rouennais. Il y a différens numéros pour les désigner : je ne me les rappelle pas bien.

363. L'AZUR est une préparation chimique de safre, de sable et de soude :

C'est en quelque sorte du verre bleu. Il sert à nuancer l'empoi et à peindre l'émail ; le bleu y est plus ou moins intense, selon qu'il est de deux feux, de trois feux, de quatre feux qui est celui que l'épicier doit débiter par préférence.

Ce dernier n'est pas cher, et c'est une poudre élégante pour mettre sur l'écriture.

364. L'AMIDON est la fécule de *froment* purifiée par les lavages et un peu aussi par la fermentation. Il en résulte que l'amidon ayant perdu sa *virginité fromentale*, n'est plus un *aliment*, mais seulement une substance gommeuse, collante. cassante, propre

surtout à donner une consistance convenable aux linges fins et à différens tissus dans les manufactures.

L'amidon en séchant se forme et se range par *éguilles tremblées*, qui en annoncent la force et les bonnes qualités ; il doit être de la plus parfaite blancheur, tendre, friable, facile à dissoudre dans la bouche ; il se décompose à l'air et perd de ses propriétés. Le confiseur l'emploie dans la confection des dragées ; le parfumeur pour faire la poudre pour les cheveux.

365. L'EMPOI èst une bouillie que l'épicier prépare en versant dans de l'eau bouillante, de l'amidon qui déjà est délayé avec un peu d'eau froide. Cet amidon se convertit en un liquide épais qui, par le refroidissement, se prend en gelée : que l'on vend au poids pour empeser le linge. La dose est de 4 onces pour un litre d'eau. Mais pour lui donner une agréable nuance, on met, en délayant l'amidon dans l'eau froide, une pincée d'azur de quatre feux, ou bien quelques gouttes d'indigo en liqueur. Cependant je serais assez porté à croire que l'azur doit donner au blanc plus d'éclat et de reflet que l'indigo : Vos dames expliqueraient cela mieux que nous. Quand l'empoi est encore très chaud, on y plonge le bout d'une bougie de CIRE BLANCHE et neuve ou bien un pain de cire blanche de SMYRNE pour y fondre, afin que le fer à repasser glisse mieux et aussi pour donner un peu plus de reflet au linge.

366. La GOMME ARABIQUE, la plus blanche, est encore une autre ressource pour donner de la consistance, surtout pour les dentelles, les linons, les batistes, les mousselines ; elle sert aussi pour adoucir l'âcreté des humeurs de l'estomac, du foie et des poumons ; elle fait disparaître la migraine et le rhume

de cerveau. Il suffit pour cela de la faire fondre en la remuant de temps à autre dans de l'eau froide, puis on la fait bouillir et *écumer* avec du miel : pour en faire un sirop que l'on boit avec de l'eau pour se rafraîchir et rétablir l'équilibre de la santé. On peut aussi le matin et le soir en mettre un fragment fondre dans sa bouche, conjointement avec un peu de réglisse verte.

367. Les morceaux de gomme ont souvent leurs surfaces incrustées de *poussières* ; pour les en débarrasser, on les frotte rapidement dans un vase rempli d'eau, la poussière s'en détache et l'on met aussitôt les marrons de gomme sécher sur une table à l'ardeur du soleil ou sur le dessus d'un poêle ; quand ils sont séchés on les enferme dans une caisse garnie de papier.

LA FLEUR DE SOUFRE, est un soufre sublimé, c'est-à-dire, distillé dans une cornue afin de l'avoir pure, elle doit être d'une belle couleur jaune serin, craquer sous les doigts. On s'en sert pour augmenter et fixer la blancheur de la soierie et des lainages, il suffit pour cela d'enfermer ces objets dans un cabinet et d'y répandre la vapeur acide, suffoquante et mordante de la fleur du soufre qu'on y brûle sur des charbons ardens. La fleur de soufre s'emploie dans plusieurs arts et surtout dans l'art vétérinaire.

368. LA TERRE À FOULON est une argile grasse et savonneuse qui dégraisse bien les étoffes pour en séparer l'huile qui a dû aider le tissage. C'est un savon minéral et la base essentielle des pierres à détacher.

369. Les pierres à détacher se composent avec parties égales de potasse, de savon, et de terre-glaise très compacte. On peut aussi y employer un peu de cendre de bois passée au tamis de soie.

370. **La terre de pipe** est aussi une argile *blanche* et beaucoup moins grasse que la terre à foulon. Elle sert à blanchir les buffleteries des militaires, etc.

371. Le *grabeau de thé* et le thé boui, thé noir servent à faire une infusion chargée, qui revivifie la teinte du nankin des Indes. C'est après que le tissu est savonné, rincé, que, finalement on le plonge étant encore mouillé dans une infusision de thé chaude, presque bouillante, on l'y retourne dans tous les sens, on le fait égoutter sans le tordre, on le fait sécher à l'ombre, car la lumière du soleil détruit la nuance et fait pâlir le nankin.

CINQUIÈME PARTIE. — LES ASSORTIMENS.

372. **L'encre à écrire** est une infusion dans l'eau froide ou mieux encore une décoction dans l'eau bouillante d'un végétal qui n'est jamais noir par lui-même, mais qui, étant uni à une dissolution de sulfate de fer (*couperose verte*), devient noir et acquiert un tant soit peu plus de densité.

Malgré que la pâte du papier sur lequel on écrit soit encollée assez pour empêcher l'encre de fuser à travers, on est dans l'usage d'y ajouter une légère proportion de gomme arabique, on pousse même jusqu'à l'inutile précaution d'y faire dissoudre du sucre candi comme étant le plus purifié de tous les sucres pour donner du reflet à l'écriture.

373. L'encre faite par infusion à *froid*, est assez bonne mais le noir a moins d'intensité, et elle est plus sujette à la moisissure. Celle qui est faite par ébullition, ou décoction, s'impressionne davantage

dans le papier. Le noir en est plus fixe. Ces deux sortes d'encre sont peu noires dans le moment où l'on écrit, mais l'instant d'après, l'oxigène de l'air se combinant avec l'écriture tracée, on est agréablement surpris du grand changement qui s'est opéré. Le contraire a lieu dans l'emploi des encres *communes*: elles sont tres noires tout d'abord, puis elles pâlissent continuellement jusqu'à s'effacer entièrement: ce sont des encres *sédimenteuses....(menteuses)*.

374. Je donne de l'intensité et de la fixité à l'encre par l'addition d'un peu d'indigo en liqueur. On peut aussi en faire dont la nuance est *violette* par l'addition de poids égal de bois de Fernambouc effilé (*bois de Brésil*); mais à dire vrai cette dernière addition paraît un enfantillage. Je n'en parle que pour aller au-v   ant de vos désirs.

375. Quand le végétal concassé en poudre, a été infusé pendant deux jours et qu'il a bouilli pendant une heure on laisse reposer et l'on décante pour égoutter: D'autre part, on fait dissoudre la gomme arabique et la couperose verte pour les réunir; et sur-le-champ, les liqueurs qui étaient jaunes toutes deux deviennent noires. L'encre est faite.

376. Le meilleur de tous les végétaux pour faire l'encre, c'est la *Noix de Galle noire*. La blanche donne un peu moins de teinture, mais aussi elle est moins chère. Ensuite vient le bois de campêche effilé (*bois d'Inde*); (1) ensuite vient le sumac et même la sciure de bois de chêne. Mais il est plus raisonnable

(1) Bois de Campêche ou bois de l'Inde pour les couleurs noire, grise, viollette. Il est dur, compacte, lourd. Le meilleur approche beaucoup de la couleur rouge du vin.

Il porte les noms de Houduras, de Sainte-Marthe, etc., où il croit sans culture.

de s'arrêter à la Galle noire ou blanche et d'ajouter le même poids de campêche. Ces deux végétaux fournissent une encre parfaite, qui peut se conserver indéfiniment sans altération.

377. Cependant, si on voulait faire de l'encre à bas prix pour les enfans dans les écoles, on n'emploverait que le bois d'Inde, l'indigo et la couperose.

378. Voici les doses pour l'encre de la GRANDE VERTU:

Noix de Galles noires, 3 livres (1 kilo 50 d.)
Bois de Campêche effilé, 3 livres (1 kilo 50 d.)
Gomme arabique blonde, 10 onces (30 déca.)
Sulfate de fer, 10 onces (30 déca.)
Sucre candi, 10 onces (30 déca.)
Indigo liquide, 2 onces (6 déca.)
Eau, 10 pintes, (10 litres.)

Faites comme il est dit ci-dessus.

379. Voici une encre à bon marché pour les jeunes écoliers :

Grosses noix de Galle blanche, 3 livres,
Bois de Campêche effilé, 3 livres,
Gomme arabique rouge, 10 onces,
Sulfate de fer, 10 onces,
Mélasse, 10 onces,
Eau, 10 pintes ;

opérez comme pour la précédente.

380. Le marc, comme on le voit, ne reste pas avec l'encre. Il n'y a point nécessité de remuer pour en prendre. Il faut au contraire tenir la bouteille toujours bien bouchée car l'air décompose tout. On est dans l'usage de mettre l'encre en de petites bouteilles de grès, de diverses grandeurs, on coupe les bouchons ras et on les goudronne. On y met des étiquettes imprimées. Ces soins donnent du charme et de la dignité aux marchandises. C'est là un des

talens des fabricans les plus habiles : savoir appro-
prier et parer les productions ; et cette règle s'applique à tout ce qui constitue le commerce de l'é-
picerie.

381. Pour l'ENCRE ROUGE : on fait bouillir de la *cochenille* en poudre, pendant une heure, on laisse
reposer, on décante et l'on ajoute de l'alun et de la
gomme arabique blanche. Voici les doses :

Cochenille en poudre, 1 once ou 3 déca.

Eau, 1 litre.

Alun de glace, une once.

Gomme arabique en poudre, une once.

On entonne cette encre rouge dans de petits flacons
à col étroits et renversés. On les chaperonnes avec
du parchemin mouillé. On y colle des étiquettes.

382. On fait une encre rouge à meilleur marché
en substituant une demi-livre de bois de Fernambouc effilé du Brésil au lieu de cochenille; si au contraire, vous y faites entrer l'une et l'autre, vous aurez alors une encre d'un rouge très intense et supérieure.

383. C'est dans l'encre par le bois du Brésil qu'on
peut teindre le fil à bouteilles en rouge et beaucoup
d'autres objets. Avec la dissolution d'une boule de couleur on peut aussi faire de l'encre de toutes les nuances.

384. L'ENCRE POUR MARQUER LE LINGE en noir, se fait
en dissolvant les drogues ci-après:

Nitrate d'argent ou *pierre infernale*, une once ;

Cristaux de soude, une once ;

Gomme arabique, une once ;

Eau, demi-litre ;

dissolvez le tout.

On ne doit appliquer cette encre que sur du linge
qui est blanc de lessive, car ; autrement la crasse em-

pêcherait l'encre d imprimer les caractères. On l'applique en petite quantité afin d'éviter que sa causticité ne perce le linge. On se sert d'une plume.

385. L'encre de la grande vertu dont j'ai traité résiste aussi à la lessive, si on y met un peu de pierre infernale.

386. Outre les PLUMES d'oies, il y a aussi des BOUTS-D'AILES du même voiatile. Il faut les choisir grosses, longues de taille et transparentes. Toute plume qui est rongée par le bout des barbes, annonce une défectuosité; celle qui, au contraire, aura le bout des barbes bien fournie et bien arrondie, sera une plume de bonne qualité. La préparation des plumes à écrire est une industrie bien régularisée. Dans le BOUT-D'AILE, la taille est plus courte, le volume est aussi moins gros, mais la substance en est plus dure et plus élastique que dans la plume.

Le numérotage par qualité se compte par le nombre des liens en ficelle pour les assembler, par quarteron de 25 et par cent. Il y en a de près de dix qualités différentes.

387. Mais depuis la naissance de ce XIXme siècle, on a inventé en Angleterre, l'art de faire des plumes métalliques pour écrire ; c'est une feuille de cuivre laminée, fort mince, découpée à l'emporte-pièce, fendue et contournée régulierement en bec de plume : On emmanche ce tube sur un petit bâton, et voilà la nature imitée et même surpassée. C'est à M. PERRY, que nous sommes redevables de cette admirable invention. M. Perry, habite Paris avec une aimable et nombreuse postérité : Sa fabrique prospère de plus en plus.

388. La CIRE A CACHETER est une combinaison à poids égaux de gomme-laque, de térébenthine de

Venise et d'oxide de mercure ou vermillon ou de minium; fondus et coulés en des moules convenables. On colore diversement avec des oxides métalliques : Il y en a de plus de dix qualités , qui se vendent par paquet de 25 et 50 décag.

389. Les PAINS A CACHETER , sont de trois grandeurs; les grands, les moyens et les non-pareilles; trois qualités différentes et de couleurs diversifiées. Maintenant on fait des pains à cacheter avec de la colle forte, qui sont transparens, de couleurs assorties et et pas du tout chers.

390. La POUDRE DE BUIS est une sciure que vendent les ébénistes. Elle sert à recouvrir l'écriture, l'usage en est plus honnête que le sable, qui est désobligeant. On peut aussi, mais moins bien, vendre la poudre d'acajou. J'ai déjà dit que l'azur était très galant pour couvrir l'écriture, surtout quand on y mêle quelques *rognures* de feuillets d'or ou d'argent.

391. Le PAPIER est fait de chiffons lavés, pilés , moulus, délayés d'eau et quelquefois encollés. On verse ce liquide sur des formes en fil de laiton ou bien sur des toiles de calicot ou bien sur des peaux vélin pour que la pâte égoutte, puis on la fait sécher : Voilà le papier.

392. C'est la nature du chiffon qui décide de la nature du papier. Il y a dans le papier beaucoup de feuilles accidentées, qui sont mises aux rebuts, ou les vend à bas prix. C'est de ces sortes de *cassés* que l'épicier doit se servir pour envelopper afin d'économiser.

393. Il y a du papier *roux* dont on fait des sacs; du papier gris et demi-blanc ; du papier blanc avec des teintes nuancées, variées à l'infini. La rame est de 20 mains, et la main contient 25 feuilles, elle de-

vrait en avoir 26. On décide de la qualité du papier en raison directe du poids, de la beauté et de la finesse de la pâte.

394. Aujourd'hui, les papiers sont faits à la *mécanique*. La pâte en est plus uniformément répartie ; ils sont à meilleur marché, mais en général ils manquent de consistance et de force, cependant, la confection à la mécanique n'exclut ni la force, ni la consistance ; mais au lieu de chiffon on prodigue l'encollage et beaucoup de fabricans s'en repentiront.

395. Le Papier à *la forme* et *vergé*, aura encore long-temps une préférence qu'il mérite.

396. Les rames de papier a lettre sont de 80 cahiers, chaque cahier est de 6 feuilles. Il y a le grand et le moyen ; le grand poulet et le petit poulet. Tout cela fait, comme vous le voyez, une assez longue série d'assortissement à ajouter à tous nos articles d'épicerie, et cependant nous avons encore quelques objets à examiner avant de clore cette cinquième division.

397. La ficelle est composée quelquefois d'un seul brin de chanvre, le plus souvent de deux et même de trois. alors on la dit en un, en deux, en trois. Elle est noire, bise, blonde, blanche ; elle est mince, fine, grosse, selon les usages auxquels on la destine. Les pelottes sont depuis une demi-once jusqu'à huit onces : Elles sont assemblées par livre.

398. Abbeville, au département de la Somme, est le centre d'une immense fabrication de ficelles, de fouets et autres menus cordages qui se vendent à des conditions avantageuses. Les maisons d'Abbeville ont des succursales à Paris, rue de la Ferronnerie et au-

tres quartiers où les ficelles sont à aussi bon compte, ainsi que le chanvre et la filasse.

399. Le CIRAGE pour la chaussure est *du noir animal* ou du noir de fumée, délayé dans de l'eau avec un peu d'indigo, de la mélasse, une très petite quantité de gomme arabique. On le met en bouteilles de terre comme l'encre et avec les mêmes soins. Voici les proportions.

 Noir d'ivoire en poudre, une livre ;

 Indigo en liqueur, une once ;

 Mélasse, quatre onces ;

 Gomme arabique, une once ;

 Eau, quantité suffisante pour le mettre en boules, en pâte ou en liquide. On l'aromatise avec une once de lavande en poudre, très fine.

400. La CIRE A GIBERNE est faite avec :

 Cire jaune, douze onces :

 Thérébenthine de Venise, quatre onces ;

 Noir d'ivoire pulvérisé, deux onces ;

Fondus ensemble, bien mêlés et roulés en petits pains d'une once.

401. L'ÉMERI est une mine de fer assez dure pour user et polir le fer lui même. Il est couleur de poudre à canon : On l'humecte avec un peu de véritable huile d'olive pure.

402. Le TRIPOLI est une variété de terre argileuse qu'on trouve dans les environs de la ville de Tripoli, en Egypte, on l'emploie pour ôter l'oxide du cuivre, de l'argent, de l'or, etc.

403. L'ÉPONGE est une mousse laineuse, que les flots de la mer amassent en certains endroits où elle se durcit, s'enlasse et se remplit de miriades d'animalcules, de polypes, de mandrapores et autres productions terreuses et maritimes : On cu-

lève ces corps étrangers, les trous restent et forment un réseau spongieux.

Il y a des éponges de toutes grosseurs, de toutes finesses, pour tous les usages des arts et de la toilette. Cet article est abondant et peu cher. Souvent l'éponge est brûlée ou pourrie.

404. La PIERRE PONCE est aussi une production maritime, poreuse, mais assez dure pour servir à polir divers ouvrages de peinture et d'orfèvrerie.

405. L'ENCAUSTIQUE est une variété de savon dont la *cire* est la base; il y a une sorte en pommade et une autre liquide; celle-ci est pour les parquets et carreaux; l'autre est pour polir et glacer les meubles : Voici la composition et les doses :

406. Encaustique en pommade, couleur acajou :
   Cire jaune, raclée, un demi kilo.
 - Essence de térébenthine, six décag. (deux onces).
   Rocou trois décag. (une once.)
   Une forte pincée de vermillon.

On met le tout dans un pot et on place ce pot dans une casserole d'eau bouillante dont la chaleur suffit pour liquéfier la cire, alors on mêle. On le conserve mou dans un pot bondonné de liège.

407. ENCAUSTIQUE LIQUIDE :
   Cire jaune, un kilo ;
   Sous-carbonate de potasse, six décag. (deux onces).
   Eau de chaux, huit litres.

On fait chauffer, fondre et bouillir pendant un quart d'heure. On le met dans des bouteilles de terre; on le vend au litre. Je suis, je crois, le premier qui propose l'eau de chaux dans cet encaustique ; elle doit être beaucoup plus forte que pour la coupe des eaux-de-vie : C'est l'eau et non pas le kilo de chaux qu'on emploie.

408. Il y a des fabricans, qui y font entrer du savon : mais le glacé en est moins brillant et plus tôt effacé ; il amasse aussi plus de poussière ; il est plus difficile à frotter.

409. Mastic hydrofuge des turcs; on prend un poids égal de cire jaune, de poix de résine, de soufre et de faïence pulvérisée : On fond et l'on mêle ; on le coule en tablettes on en briques : Il durcit en séchant.

410. Eau de cologne. J'ai assez prouvé que tout ce qui passe par le *cuivre* porte une atteinte plus ou moins grave à la santé. Je vais donner une recette pour l'eau-de-cologne sans distillation :

> Exprit de romarin, trois kilo. (*six livres*).
> Eau-de mélisse, trois kilo. (*six livres*).
> Jus de citron demi kilo. (une livre).
> Teinture de benjoin 25 décag. (demi livre).
> Esprit-de-vin (*du trois six*) dix litres.

On mêle à trois ou quatre reprises d'heure en heure, on laisse reposer pendant cinq ou six jours et on décante avec précaution dans d'autres flacons; on filtre le résidu limoneux. Puis on emplit des flacons et des rouleaux assortis qu'on chaperonne avec de la peau blanche d'agneau glacée.

Cette recette a obtenu beaucoup d'approbateurs, mais c'est la première fois que je propose le *jus* de de citron au lieu de l'*essence* de citron qui est dans les précédentes éditions. Ce jus de citron *rafraîchit* le visage quant on se lave, et le nez quand on la respire : C'est un progrès.

Je m'arrête, car je n'en finirais pas et je crains
d'ennuyer mes lecteurs. Puis il nous reste encore
deux parties : Les ustensiles et l'épicier lui-même
sur qui il y aura bien quelques obligeantes confi-
dences à faire.

SIXIÈME PARTIE. — LES USTENSILES.

Le MATÉRIEL d'une maison de commerce d'épicerie
est tellement étendu, qu'il n'est pas du tout sur-
prenant que ce matériel avec l'achalandage se ven-
de assez communément à Paris depuis mille
francs, pour les plus petites maison de commerce,
jusqu'à cinquante mille francs pour les mieux orga-
nisées. Ajoutez à cela, la valeur des marchandises
qu'elles renferment dans les mêmes proportions,
alors, un fond de commerce d'épicerie ira depuis
quatre mille francs, jusqu'à deux cent mille francs
et plus..... Je sais que, pour ma part, j'y ai employé des capitaux nombreux, et qu'il m'a fallu cependant beaucoup de modération et de retenue
dans les achats et les ventes pour ne pas me trouver
gêné aux époques des échéances. Il m'a fallu aussi
une grande réserve envers les acheteurs à longs termes, qui le plus souvent, offrent des chances dé-
favorables.

Ces considérations ont pour objet d'engager les
jeunes épiciers à ne pas trop se laisser séduire
par le prétendu *décorum* de leurs établissemens, et
à ne pas dépenser des sommes considérables pour
quelques ustensiles qu'on peut avoir avec beaucoup
moins d'argent; ils seront peut être moins brillans à la
vérité ; ils seront moins modernes, mais qu'importe

aux consommateurs les folles dépenses que le marchand aura faites pour organiser un magasin? Les seules choses importantes pour le public, ce sont la bonne qualité des denrées et une extrême facilité pour se les procurer; le public accourt en foule là où la foule se porte, là où on sait s'occuper à la servir avec zèle, avec urbanité. Une décoration est quelquefois l'avant courrière d'une chûte.

L'ustensile capital, chez l'épicier, c'est la balance : Elle doit être excessivement sensible; le moindre poids doit emporter l'autre plateau. Pour cela, il faut que les *trois coins* soient extrèmement bien aigus et parfaitement en ligne directe; on doit s'en assurer en faisant passer la même pesée d'un plateau dans l'autre et réciproquement, si la balance est juste le poids sera toujours le même; dans le cas contraire, c'est *l'ajusteur - balancier* qui doit y remédier sans delai.

Il faut différentes sortes de barres de balances et de plateaux ou bassins, selon les différens poids et même selon la forme des objets. Cette variété de balances se trouve partout, même chez les quincaillers et les ferrailleurs.

Les poids doivent aussi être assortis depuis un grain, la soixante-douzième partie d'un gros, jusqu'au poids de vingt kilo., dont il faut avoir au moins cinq pour peser une caisse de savon, un baril d'huile, etc. etc.

Les gros poids sont en fonte de fer et les tout petits sont en cuivre jaune. Mais, depuis quelques années, *l'orgueil* et la *vanité* ayant fait élection de domicile chez le douloureux épicier, qui n'a point osé leur fermer sa porte au nez, on y voit d'interminables et très couteuses séries de gros poids en

cuivre! absolument comme chez un orfèvre ou
à la banque de France! Dites, je vous prie : où
la sottise ne va-t-elle pas se loger? Les barres de
balance : le pied de la balance sont en cuivre : *Tout
aujourd'hui est en cuivre!* L'épicier, lui même, à
force de manier perpétuellement tous ces cuivres,
qu'il s'est condamné à la re *reluire*, devient cuivre
à son tour : Il crève comme la grenouille de la fable,
on le porte au cimetière encore dans la force de
l'âge : La veuve et les enfans, ses infortunés enfans restent sans soutien, parce que l'orgueil et la
bêtise ont mis leur père à la porte de chez lui !

On fait aussi trop de dépenses et d'inutiles dépenses
pour les façades par un étalage qui *éclipse* tout le
charme et la grâce de l'intérieur du magasin, qui
pourtant, est la seule chose que la probité devrait
montrer. Il est mieux, que sur la rue ce soit une
vaste et large ouverture entièrement libre et découverte ; et pour l'hiver on se clos par une devanture
mobile en vitrage.

C'est une pratique fort niaise que d'étaler les denrées et de les dégrader ainsi.

Si le public lit au-dessus de votre magasin en assez
gros caractère, encadrés dans un large bandeau, sur
un fond de couleur marbre blanc, les lettres couleur
bronze, l'inscription que voici :

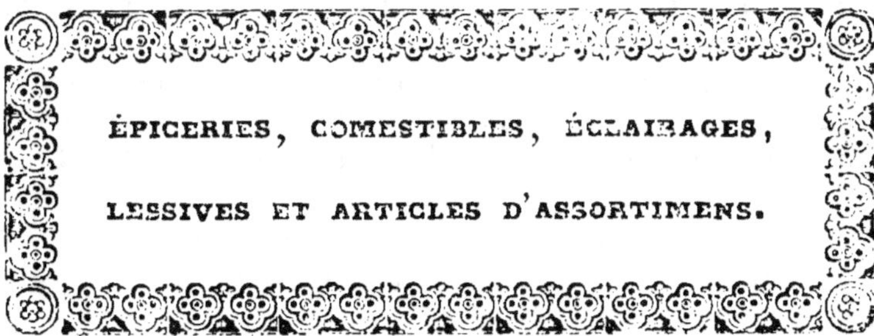

Le public, dis-je, comprendra qu'il peut entrer chez vous en toute assurance, parce que, la *logique* de votre enseigne, le prévient par avance de la droiture de votre jugement.

Avec les déballages des colis, avec les vieux tonneaux, avec les caisses à savon et un ouvrier menuisier intelligent, *à la journée* : je me suis **créé** presque tous les ustensiles les plus rigoureusement nécessaires ; je vous engage à en user de même.

Les séries de mesures sont peu dispendieuses, elles doivent, ainsi que les poids, être vérifiées par la police municipale.

Les ustensiles de l'épicerie qu'il faudrait supprimer autant que possible sont ceux en MÉTAL pour la confection des sucreries et du chocolat, les métaux s'oxident sans cesse, et altèrent irrévocablement la santé de l'homme jusqu'à ce qu'ils l'aient conduit à la mort. Et quelle mort, hélas, que celle qui **est** précédée d'une agonie longue et déchirante ! accompagnée du plus horrible dégoût.

Les ustensiles *inaltérables* sont cependant aussi commodes, et d'un usage aussi facile. Ils exigent moins d'entretiens, et par eux on s'affranchit des maladies horribles que les métaux nous occasionnent.

Je conviens que ces vases sont fragiles, et que la conduite du feu doit être plus modérée ; que les vases qui servent à des produits séreux ne doivent pas servir à des corps gras.

Ces vases en faïence, porcelaine et terre cuite vernissée et *non vernissée* ont besoin de recevoir une opération indispensable qui les *solidifie* et en perpétue la durée et la beauté.

D'abord, à l'extérieur il faut les barder avec de gros fils de fer bien tendus ; et sous le cul placer auparavant une plaque ou disque en fer battu, qui reçoit premièrement l'action du feu pour la modérer et la transmettre au vaisseau, pour lequel il fait fonction de garde-feu. Ainsi fildeféré d'une ceinture et d'une double croix, ces vaisseaux seront deposés dans un grand chaudron qu'on remplira d'eau *froide* dans laquelle on aura mis beaucoup de cendres de bois neuf pour les imbiber et les gorger de sels de lessive. On porte le chaudron sur le feu, pour l'y faire bouillir pendant deux heures. on cesse le feu et on laisse le tout ensemble refroidir totalement ; après quoi, on les lave et on le fait sécher. Alors ces ustensiles sont moins susceptibles de se fendre, de se gercer.

Quand ils sont gercés, on bouche les crevasses avec une pâte faite de faïence en poudre, délayée d'huile de lin : on fait sécher et durcir la réparation.

Quant à la gouverne du feu, il doit toujours commencer et finir très modérément ; et pendant l'opération il ne doit jamais être violent : imitons la nature, elle ne fait rien qu'avec mesure et gradation ; voilà pourquoi ses productions sont si parfaites : au surplus, il est une considération qui doit l'emporter : c'est la santé de vos semblables et de vous-même.

Lorsqu'une décoction ou une cuisson est parfaite, il faut après avoir ôté le vaisseau du feu, le laisser un peu refroidir avant de le vider ; et immédiatement après l'avoir vidé, le laver, le récurer, le rincer en dedans seulement. il ne faut même jamais le mouiller au dehors ni en dessous, car, ce mouillage le ferait fendre au feu.

Le bain-marie est un vase qu'on plonge dans un autre vase un peu plus vaste, et qui, pour l'ordinaire , contient de l'eau pour servir d'intermédiaire et régulariser l'action du feu.

On pourrait peut-être m'objecter que les médecins conseillent quelquefois l'usage des *métaux* et des *eaux-minérales* à l'intérieur. Cela est vrai , mais le médecin n'a jamais la moindre *certitude* pour assurer la durée de nos jours ni même des siens ! Mes observations sont basées sur les lois de la nature et de la raison.

C'est surtout le *cuivre* et le *fer* qu'il faut tâcher de remplacer par la faïence , par la terre cuite ; par le marbre ou le verre selon les circonstances et la nature des objets.

Par exemple, on peut piler le cacao dans un mortier de bois ou au moins de marbre avec un pilon de bois. On peut broyer cette pâte, si friable , sur une plateforme en bois de *racine* très dur comme du *noyer* ou du *gayac*, et un rouleau ou buis , en ivoire, ou en bois recouvert d'os, pour relever le chocolat de dessus la base, c'est un couteau d'ivoire , d'os ou de buis dont il faut se servir. On peut aussi mouler le chocolat dans des cases en porcelaine ou au moins en tôle émaillée. Il résulterait de ces salutaires changemens, que le chocolat ne contiendrait plus de *limaille et d'oxides de fer ni le gravier de la pierre usée par le frottement.* Ce sont là des améliorations capitales , dont le public sera reconnaissant envers le jeune épicier, qui renonçant à la stupide routine, s'avance d'un pas ferme , mais éclairé , dans la voie du perfectionnement que nous offre l'état actuel des sciences et des arts.

Comme il faut que la pâte de cacao soit chauffée pour être broyée, on pourrait facilement la chauffer dans une étuve d'où on la sortirait au fur et à mesure pour l'y remettre ensuite.

Le cylindre pour griller le café, au lieu d'être de tôle devrait être en terre cuite. Le potier peut très bien faire cet instrument, et y placer une broche de fer, du moins pratiquer les deux trous pour la passer. Il lui serait facile de construire aussi par pièces de rapport le fourneau en terre qui l'un et l'autre seraenit cerclés en fer.

Pour filtrer il faut revenir à l'entonnoir de verre ; au filtre de feutre, à la colle de poisson, au repos. On doit renoncer au filtre de *cuivre*, aux bouteilles, brocs et entonnoirs de *cuivre*, d'étain, de fer-blanc.

Voyez cette contradiction ! On poursuit correctionnellement ceux qui mettent de la litharge (*oxide de plomb*) dans le vin, et les réglemens exigent un comptoir *d'étain?* Le vin repose tout le jour dans des brocs *d'étain!* Le journal, le MONITEUR, du 19 novembre 1835, contient un article sur des *empoisonnemens* occasionnés par des vases de PLOMB, servant à la distribution du vin à bord des navires. (Voyez cet article et cent autres du même genre.)

SEPTIÈME PARTIE. — DE L'ÉPICIER,

Ses qualités morales, intellectuelles, sociales et politiques.

Si le commerce est le lien des nations, on peut dire que l'épicier est le lien des sociétés. Si un homme placé en si grande évidence, n'est pas un honnête homme il sera bien certainement le fléau et la misère de son canton ! « Celui qui n'a point les vertus de son état, de son état aura tous les vices. »

L'épicier doit avoir puisé la règle de sa conduite dans l'évangile, et dans les ouvrages de nos grands moralistes, tels que Lafontaine, Fenélon, Bossuet, Massillon, Racine, Molière et autres dont il aura à nourrir son âme. La paix doit régner chez lui avec la tempérance et la sobriété. Il doit être l'époux modèle.

Si l'épicier avait le temps de lire, je lui conseillerais les traités de chimie, d'histoire naturelle et d'hygiène.

Sa présence au *comptoir* est si nécessaire, qu'il aura rarement du temps à donner à des fabrications. On assure quelquefois mieux le succès de ses affaires en achetant les produits tout fabriqués, surtout quand ils le sont par des artistes qui s'en acquittent bien. L'épicier doit tenir ponctuellement et jour par jour son registre journal qui doit présenter l'état sommaire des opérations de chaque jour. Il faut par conséquent qu'il ait appris la tenue des livres en parties doubles. (C'est en parties régulières qu'on aurait dû dire.)

Le plus souvent on étend ses affaires plus que ses capitaux ne comportent : mais pour être heureux et pour laisser un nom honorable à ses enfans, c'est précisément le contraire qu'il faudrait faire.

> Posez vous-même des bornes à vos entreprises,
>   Et Dieu vous protégera.

Une fois chaque année, il doit faire un inventaire général de l'état de ses affaires et surtout établir le résultat : puis en tirer des conséquences pour l'avenir.

Tout chez lui doit avoir sa place habituelle, et
chaque affaire doit avoir son temps.

C'est surtout la pesée, la livraison, l'expédition,
le départ des marchandises qui réclament une surveillance sérieuse et continuelle : c'est particulièrement
là qu'est placé l'abîme qui engloutit des maisons de
commerce qui pourtant étaient recommandables.

« L'œil du maître ! » a dit Lafontaine.

Il est louable d'avoir de l'émulation mais il faut ab-
jurer l'ambition. Il faut vivre et laisser vivre les autres. Peu d'affaires, mais les bien régulariser vaut
mieux que la confusion.

Sous le rapport de la POLITIQUE, l'épicier ayant affaire à tout le monde, il doit bien se garder de se
ranger pour aucun des partis politiques qui divisent
l'Europe. Sa règle doit être écrite dans son cœur, et
il faudrait qu'il n'y ait que Dieu qui puisse y lire.

« Un homme *impartial* c'est la divinité même. »

Il est temps, je crois, de résumer ici ce petit traité.

Le commerçant fera bien de grouper les ÉPICERIES
les aromats et les assaisonnemens dans l'endroit de
son magasin le plus exposé à la lumière, parce que
ce sont, sauf quelques exceptions, les articles qui
redoutent moins la chaleur et la lumière.

Ensuite, à côté, et plus intérieurement il groupera
également les COMESTIBLES, qui réellement sont
l'âme de son négoce. Ceux-ci exigent beaucoup d'ordre, de discernement et de vigilance. Ils doivent
être sous la main afin d'éviter les allées et venues
inutiles.

Dans une autre division il placera tous les articles
d'éclairage, qui, par leur nature *graisseuse*, sont

assez désobligeans ; puis ils craignent également le soleil et la gelée.

Enfin, les LESSIVES étant des *poisons*, c'est dans une cellule particulière qu'il les faut rassembler.

Une fois chaque mois passer une revue générale de toutes les marchandises en magasin et prendre de suite note du nécessaire à faire.

SUPPLÉMENT.

ANIS ÉTOILÉ. Pour obtenir un arôme plus fin et plus délicat. Il faudrait humecter d'eau froide cette semence et la recouvrir pour l'empêcher de sécher, la laisser ainsi se ramollir pendant deux jours pour enlever avec les ongles les deux écorces qui couvrent cette semence huileuse, qui alors pourra être mise en pâte et délayée dans de l'eau-de-vie blanche pour faire l'anisette de Bordeaux. On ajoute un jus de citron par litre, du sucre clarifié en sirop et l'on filtre. On peut l'étiqueter ANISETTE DES INDES :

VIEUX OINS, c'est la graisse qui recouvre les reins du porc. On ôte toutes les peaux qui la recouvrent ainsi que les rognures de chair. On la coupe par tranches minces pour la faire dégorger et dérougir pendant deux jours dans l'eau froide ; cette purification l'empêche de puer. Alors, on la fait égoutter et on la bat avec un gros billot de bois sur un bloc pour la pétrir en une masse longue et ronde, de 4 à 5 pouces de diamètre qu'on enveloppe avec les mêmes peaux ou membranes qu'on venait d'en séparer. Cette graisse ainsi préparée sert pour les roues des voitures et pour la médecine vétérinaire. On la garde à la cave.

Les *gens sans probité* y ajoutent du lard, de la farine, de la pomme de terre et autres vacuseries.

Monsieur,

J'ai l'avantage de vous annoncer plusieurs améliorations dans l'article Mèche, et une baisse sensible dans les prix.

PREMIÈREMENT, je me suis créé un blanchissement *spontané et conservateur* du coton sans acide et sans exposition sur le pré. Ce procédé donne au Coton une plus valeur de 10 pour cent, et permet en outre, de baisser les prix.

Je vous offre du *Coton fernambouc blanchi*, filé, n. 12, pelotté par 4, 5 et 6 bouts, à 3 f. 75 c. (*le demi kilo*). Du Coton Louisiane très beau, n. 12, à 2 fr. 75 c., et cinq pour cent d'escompte. Ces Cotons donnent une très-belle lumière, ils sont un tiers plus légers que les Cotons *écrus*. Ils ne reviennent pas plus cher.

SECONDEMENT : Je me suis assuré que le *nattage* de la mèche faisait disparaître entièrement la *mouchure* et les *champignons*, même dans la chandelle commune, dont le suif n'avait pas été épuré. C'est un *fait* que je vous engage à vérifier, Monsieur, pour votre satisfaction. Coupez une Mèche un peu plus longue que de coutume, nattez-la bien régulièrement, trempez à la baguette ou bien coulez dans un moule, vous obtiendrez *un lumignon qui se penche constamment de côté*, et que l'air use et dissipe en *effloressence*, et par conséquent plus de mouchure ni de champignon.

Mais si, dans les suifs *non épurés* il retombe un peu de *cendre blanche* dans le calice de la chandelle, par l'effet d'un peu de *boulée* ou *crasse*, restée dans le suif. Il n'en est pas ainsi pour les suifs *raffinés* d'après ma méthode, car alors la chandelle *ordinaire* a tout le mérite de la bougie, à cause du nattage de la mèche, qui est le dernier terme de la perfection et du génie manufacturier.

Ainsi, le nattage des mèches pour chandelles, cierges et bougies, est un procédé des plus conformes à l'état actuel des connaissances acquises, et je suis le premier qui ait constaté et fait connaître ce résultat.

Pour faciliter l'application de cette façon de mèche, je fais fabriquer sous mes yeux, par de très-habiles mécaniciens, des *Métiers à natter*, garnis des accessoires nécessaires, au prix de 100 francs. Un enfant de 10 à 12 ans peut les faire fonctionner, et produire 200 aunes de nattes par jour. Le Métier est fourni avec la natte commencée: il n'y a plus qu'à tourner la manivelle pour la continuer.

De plus, je fais mettre en nattes les Cotons que l'on me fournit ou que l'on m'achète. Le prix du nattage est de 1 c. par aune. Les pelottes sont de 50 aunes, quelque soit le nombre de fils dont la natte se compose.

On accroche cette natte au culot par un collet en fil. On la tire pour qu'elle soit droite, et l'on bouche le bas du moule avec un *fausset* de bois. Quand le suif est figé on ôte les faussets. Le prix de ces faussets est de 75 c. le titre.

Pour la façon á la baguette, il suffit de faire avec le bout de la natte une boucle pour passer la baguette.

Il y a des nattes de 2 grosseurs, tant en blanchi qu'en écru. Un demi-kilo donne à peu près 200 aunes de natte de grosseur rationnelle et suffisante pour produire un très-bel effet de lumière, lumière plus brillante et plus salubre que celle du gaz et des quinquets.

La Chandelle avec mèche nattée s'appelle CHANDELLE ASTRALE. On doit nécessairement la vendre un peu plus cher que la Chandelle ordinaire. De même aussi que la BOUGIE ASTRALE, dont vous connaissez la composition, Monsieur, est incomparablement supérieure sous tous les rapports avec ces *fausses Bougies* de savon de nouvelle création.

Ce nattage vient à propos au secours des *Cotons écrus* qui font un triste éclairage. Cependant Messieurs les fabricans de chandelles feront bien de s'attacher à l'emploi des Cotons *blanchis*, et à faire des mèches beaucoup plus fournies qu'en bougies, pour relever et soutenir la dignité de leurs fabrications en lumières. Il est à remarquer que les mèches de toutes les bougies sont généralement trop minces et presque toutes de coton écru.

Je pense, Monsieur, que ces renseignemens vous seront agréables, et vous aideront á former votre opinion pour arriver plus sûrement à fabriquer des produits qui fassent distinguer la France chez les autres nations.

Voici le cours d'aujourd'hui :

Coton de Georgie *écru*, n. 6, très beau, 1 f. 70.
— Louisiane *écru*, n. 10, 2 fr.
— Louisiane blanchi, n. 12, 2 fr. 75.
— Fernambouc blanchi, n. 12, 3 fr. 75.

Fil de Guibray, pour Cierges, 2 fr.

Fil de Cologne à 4 et à 5 fr. en écheveaux, 50 c. de plus pour le pelottage. Pour le nattage, 1 centime par aune.

Comme professeur, je dois faire observer que le coton filé plus fin que le n 12, ne convient pas pour l'éclairage, parce que le lumion retombe et fait couler.

Mèche en lacet, n. 7, en *coton blanchi*, pour lampes à bec, la pièce de 5 aunes, 6 s. Le paquet est de 12 pièces.

Mèche en gance, n. 5, *coton blanchi* pour lampes à bec, 4 fr. la livre. Ces deux nouveaux genres de mèches à lampes font une lumière admirable et très-propice au commerce d'huile à brûler.

Les suifs sont en baisse.

Blanc de baleine, 1re qualité, 5 fr. 40 c. Idem.

Idem 2me qualité, 3 fr. 15 c. La cire reste au même prix que dans mes derniers cours.

Je fais fabriquer des moules à chandelles et à bougies en *étain de glace*, lesquels fournissent toujours de la chandelle *parfaitement unie et pure comme une glace*. Il n'y a que moi qui en fabrique de ce genre : voici les prix : Moules à chandelles avec culots, des 4, 1 f. 40; des 5, 1 f. 35; des 6 1 f. 20; des 8, 95 c.; des 10, 85 c.; des 12, 75 c.; des 12 courtes, 75 c.: des 16 courtes, 70 c.; des 20 courtes, 65 c.

Dans ces moules à chandelles, vous pouvez très-bien, Monsieur, couler de la bougie de cire, de blanc de baleine ou de stéarine, elles en sortiront *polies et reflétantes comme une glace*, et cela pendant plus de dix ans de durée.

Moules à bougies à grands godets, viroles en cuivre, des 4, 2 f. 35 c.; des 5, 2 f. 10 c.; des 6, 1 f. 70 c.; idem des 8, pour bougeoirs, 1 f. 60 c.; idem des 6 pour voitures, 1 f. 70 c.

Six pinces en buis de *dessins assortis*, pour franges, les cierges à 2 fr. chaque.

La série de Moules pour la rose à 100 feuilles, 15 fr.

Saint-Sacrement, 7 fr.; Agneau Pascal, 7 f.; Roulette pour feuillage, 7 f.; Roulette pour torsade, 7 f.; Gravoir, 1 f.; Canneloir 4 f.; Couteau à tête, 4 f. 50 c.; Couteau pour pieds, 3 f. 50 c.; Couteau à dos, 3 f. 50 c.; Gravure du nom, 5 f.

Nouveau Sel anti-putride pour désinfecter, durcir et blanchir le suif, la Cire, 5 f. *le demi-kilo*. Ce procédé est le seul conforme aux principes de la chimie pour l'épuration *régulière et complète* des corps gras. Ce Sel est essentiellement utile pour neutraliser la puanteur habituelle des ateliers du chandelier et du cirier.

Cachets allégoriques pour décorer les cierges, à 2 fr. chaque : Saint-Esprit. — Palme. — Cœur avec croix. — Les 3 clous. — Croix avec échelle. — Croix avec pied. —Lion. —Aigle. — Coq. — Croix d'honneur. — Feuille de vigne. — Rose. — Pensée. — Fleur. — Rosace à 10 pointes. — Soleil. — Etoile.

Nouveau Traité de la fabrication de la chandelle, 3e édition suivie du supplément pour la *Bougie astrale*, dans les moules ordinaires, 10 f.

Manuel du fabricant de cire, cierges et bougies, avec le même supplément, 10 f.

Le Génie de l'épicerie, seconde édition, 10 f.

Deux ouvrages, 10 f. Les trois ouvrages, 15 f. franc de port par la poste.

Sur ce prix courant vous aurez, Monsieur, à déduire 5 pour cent d'escompte.

Quant on fait une demande il faut envoyer la valeur avec, payable à vue sur Paris, ou bien un mandat qui délivre M. le directeur des postes.

Je dois vous dire, Monsieur, que mes trois ouvrages qui ont pour base l'application immédiate du Génie aux manufactures, n'ont rien de commun ni pour la forme, ni pour le fond avec ces livres de compillation ineptes et absurdes dont on couvre l'étalage du libraire, livres qui ont été écrits par des hommes étrangers au commerce et à la fabrique.

Je vous prie, Monsieur, de remarquer que la chandelle qu'on fabrique aujourd'hui est toute farineuse par la *defectuosité des moules*; qu'elle a une mèche infiniment trop grosse et toujours en coton écru, qu'elle ne rend qu'une lumière faible et ténébreuse; qu'il faut, au contraire, *pour satisfaire le consommateur* du coton blanchi, des mèches nattées, du *suif épuré* et assez cuit, et par dessus tout cela de la probité dans la livraison. Prenez habituellement 5 pour cent de bénéfice, ce n'est pas trop pour soutenir vos maisons, alors vous aurez la considération publique et les encouragemens DU GOUVERNEMENT DE SA MAJESTÉ.

Nous devons être parfaitement convaincus que, un bon système de fabrication de la chandelle, est une chose très essentielle sous les rapports de la santé, de l'industrie, de l'agriculture et de la gloire nationale. (1)

C'est pourquoi depuis 12 ans je m'en occupe avec assiduité, j'ose dire avec succès.

Je vous engage, Monsieur, à m'accorder la préférence de vos ordres, et à me demander librement les renseignemens ultérieurs qui vous seraient nécessaires.

J'ai l'honneur de vous saluer,

Prosper Lehoc,

propriétaire et négociant.

N. 25, rue d'Angoulème-Saint-Honoré, à Paris.

<hr>

(1) DIEU PROTÉGE LA FRANCE! En Politique, à la Guerre et dans les Sciences et les Arts. En effet, j'ai remarqué, que, précisément à l'époque où M. le MARECHAL GERARD reprenait la Citadelle d'Anvers sur les Hollandais; je remettais à l'Académie de Médecine mon Discours sur le génie de la santé, où je signale ma découverte du PRINCIPE GÉNÉRATEUR DES MALADIES. Deux ans après, tandisque S. A. R. le PRINCE HERITIER DE LA COURRONNE rossait la cavalerie Arabe sous les murs de Mascara, je faisais à Paris, la découverte d'un VENTILLATEUR ASSENTIONNEL ET PERPETUEL. Enfin. En 1837, pendant que S. A. R. le PRINCE DUC DE NEMOURS montait en Héros à l'assaut de Constantine, je constatais L'EFFET DU NATTAGE DES MÊCHES, qui convertit la Chandelle épurée véritable en Bougie. Ce parallele de Grâces et des Conquêtes que Dieu accorde à la France, a quelque chose de significatif et d'encourageant qui nous ramène aux beaux jours de l'Empire.